Preparation and Application of Graphene-based Nanocomposites

石墨烯基纳米复合材料制备与应用

李永锋 著

化学工业出版社

·北京·

内 容 简 介

本书共9章，在概述石墨烯、金属化合物纳米材料、石墨烯基纳米复合材料、酚醛树脂复合材料的基础上，主要介绍了氧化石墨烯的化学还原及其复合薄膜、石墨烯/碳纳米管复合薄膜的制备及应用、金属硫化物/还原石墨烯纳米复合材料的制备及应用、一步法制备 ZnO/还原石墨烯纳米复合材料及应用、改性石墨烯/酚醛树脂复合材料的制备及应用、改性石墨烯/酚醛树脂/碳纤维层次复合材料的制备及应用、石墨烯基复合材料分析方法等，最后分析展望石墨烯基纳米复合材料的发展趋势。

本书具有较强的专业性和先进性，可供新型炭材料、新能源储能、高端复合材料等领域的研究人员、技术人员和管理人员参考，也可供高等学校材料科学与工程、新能源及相关专业师生参阅。

图书在版编目（CIP）数据

石墨烯基纳米复合材料制备与应用/李永锋著. —北京：化学工业出版社，2020.10
ISBN 978-7-122-37242-0

Ⅰ.①石⋯　Ⅱ.①李⋯　Ⅲ.①石墨-纳米材料-材料制备　Ⅳ.①TB383

中国版本图书馆 CIP 数据核字（2020）第 105499 号

责任编辑：刘兴春　刘　婧		文字编辑：林　丹　段曰超	
责任校对：边　涛		装帧设计：刘丽华	

出版发行：化学工业出版社（北京市东城区青年湖南街 13 号　邮政编码 100011）
印　　装：北京虎彩文化传播有限公司
710mm×1000mm　1/16　印张 14¼　彩插 2　字数 232 千字
2021 年 1 月北京第 1 版第 1 次印刷

购书咨询：010-64518888　　　　　　　　售后服务：010-64518899
网　　址：http://www.cip.com.cn
凡购买本书，如有缺损质量问题，本社销售中心负责调换。

定　价：85.00 元　　　　　　　　　　　　　版权所有　违者必究

前言

纳米科技是21世纪非常重要的、对人类的生存和发展产生显著影响的科技。最近几年来,碳族的新成员——石墨烯由于具有二维结构和优异的光学、热力学、力学性能,高电子迁移率,高比表面积和不同的电学性能,而受到广泛关注。石墨烯是二维纳米材料,其质量轻、导热性好、比表面积大、杨氏模量和断裂强度也可与碳纳米管相媲美。此外,石墨烯是最硬、最韧的材料,原料易得、价格便宜,有望代替碳纳米管成为聚合物基碳纳米复合材料的优质填料。同时,基于石墨烯及其复合材料的研究才刚刚起步,所研究的范围仍然有限,除了石墨烯内在的性质研究外,许多基于石墨烯材料问题诸如石墨烯的制备、表面修饰及与其他材料的复合等,都还有待进一步研究。

本书介绍了以氧化石墨为前驱体材料经化学还原及热还原剥离用来制备还原石墨烯的方法,这被认为是可实现还原石墨烯批量制备的方法之一。氧化石墨上存在着丰富的含氧官能团,这些官能团可用作沉积金属纳米颗粒、有机大分子等的活性位。本书还详细介绍了实验室合成氧化石墨烯及石墨烯的方法,以及石墨烯薄膜及石墨烯/碳纳米管复合薄膜的制备方法及应用前景。将其与其他纳米材料复合可赋予其复合材料优异的性质,如负载金属纳米粒子(Au、Pd、Ag)、氧化物纳米粒子(Cu_2O、TiO_2、SnO_2)及量子点(CdS、ZnS)等。本书以石墨烯为载体负载量子点(CdS、ZnS),进一步拓展这些粒子在催化、传感器、超级电容器等领域中的应用。同时还进一步采用了不同方法制备还原氧化石墨烯,并将其加入酚醛树脂中,采用溶液共混法和热压成型技术制备改性石墨烯/酚醛树脂复合材料和改性石墨烯/酚醛树脂/碳纤维层次复合材料,探索石墨烯对酚醛树脂基复合材料结构和性能的影响。本书具有较强的技术应用性和针对性,可供新型炭材料、新能源储能、高端复合材料领域的研究人员、技术人员参考,也可供高等学校材料科学与工程、新能源等专业师生参阅。

限于作者水平及写作时间,书中不妥或疏漏之处在所难免,敬请读者批评指正。

李永锋

2019 年 11 月

目录

第 1 章 绪论 / 001

1.1 石墨烯概述 …………………………………………………………… 003
   1.1.1 石墨烯研究历程 ……………………………………………… 003
   1.1.2 石墨烯结构 …………………………………………………… 006
   1.1.3 石墨烯性能 …………………………………………………… 008

1.2 石墨烯的制备方法 …………………………………………………… 009
   1.2.1 微机械剥离法 ………………………………………………… 009
   1.2.2 碳化硅外延生长法 …………………………………………… 010
   1.2.3 化学气相沉积法 ……………………………………………… 011
   1.2.4 热膨胀剥离法 ………………………………………………… 013
   1.2.5 化学试剂还原法 ……………………………………………… 014
   1.2.6 液相或气相直接剥离法 ……………………………………… 017
   1.2.7 电弧法 ………………………………………………………… 020
   1.2.8 化学合成的方法 ……………………………………………… 021
   1.2.9 其他制备方法 ………………………………………………… 021

1.3 金属化合物纳米材料研究进展 ……………………………………… 023
   1.3.1 纳米材料特性 ………………………………………………… 024
   1.3.2 ZnS、CdS 纳米材料 ………………………………………… 025
   1.3.3 制备方法 ……………………………………………………… 025
   1.3.4 石墨烯负载金属化合物复合材料 …………………………… 028
   1.3.5 薄膜材料 ……………………………………………………… 030

1.4 石墨烯基纳米复合材料 ……………………………………………… 032
   1.4.1 石墨烯/聚合物复合材料 …………………………………… 033

1.4.2	全碳材料	035
1.5	酚醛树脂及其复合材料	036
1.5.1	性能及发展史	036
1.5.2	应用领域	040
1.5.3	酚醛树脂改性	040
参考文献		044

第2章 氧化石墨烯的化学还原及其复合薄膜 / 056

2.1	硫脲还原氧化石墨烯	058
2.1.1	氧化石墨烯的制备	058
2.1.2	硫脲还原	058
2.1.3	性能研究与分析	060
2.2	锌粉/氨水体系还原	070
2.2.1	氧化石墨的制备	070
2.2.2	锌粉/氨水体系还原制备石墨烯片	070
2.2.3	电化学测试	071
2.2.4	性能研究与分析	071
2.2.5	还原机理	083
2.3	L-半胱氨酸还原制备石墨烯薄膜	084
2.3.1	氧化石墨的制备	084
2.3.2	氧化石墨烯悬浮液的制备	084
2.3.3	还原石墨烯及其薄膜的制备	084
2.3.4	性能研究与分析	085
2.4	水合肼还原及聚乙烯醇增强氧化石墨烯薄膜	092
2.4.1	复合薄膜的制备	092
2.4.2	性能研究与分析	093
2.5	石墨烯薄膜的应用	099
参考文献		100

第3章 石墨烯/碳纳米管复合薄膜的制备及应用 / 106

3.1	GO 薄膜的真空低温热处理	107

3.1.1　GO 薄膜的制备 …………………………………………………… 107
3.1.2　真空低温热处理 …………………………………………………… 108
3.1.3　中温炭化热处理 …………………………………………………… 108
3.1.4　性能研究与分析 …………………………………………………… 108
3.2　碳纳米管/氧化石墨烯混杂薄膜的自组装及其真空低温热处理 ………… 113
3.2.1　MWCNTs/GO 杂化薄膜的制备 ………………………………… 113
3.2.2　MWCNTs/GO 杂化薄膜的真空低温热处理 …………………… 114
3.2.3　性能研究与分析 …………………………………………………… 114
3.3　石墨烯/碳纳米管复合薄膜的应用 ……………………………………… 124
参考文献 …………………………………………………………………………… 125

第 4 章　金属硫化物/还原石墨烯纳米复合材料的制备及应用 / 128

4.1　ZnS/还原石墨烯纳米复合材料 ………………………………………… 130
4.1.1　复合材料的制备 …………………………………………………… 130
4.1.2　性能研究与分析 …………………………………………………… 131
4.2　ZnS-G-GO 纳米复合薄膜及其电化学性能研究 ……………………… 137
4.2.1　复合薄膜的制备 …………………………………………………… 137
4.2.2　电化学性能测试 …………………………………………………… 138
4.2.3　性能研究与分析 …………………………………………………… 139
4.3　CdS-G-GO 纳米复合薄膜及其性能 …………………………………… 145
4.3.1　G-CdS 纳米复合材料的制备 …………………………………… 145
4.3.2　复合薄膜的制备 …………………………………………………… 145
4.3.3　性能研究与分析 …………………………………………………… 146
4.4　石墨烯/金属硫化物复合薄膜的应用 …………………………………… 156
参考文献 …………………………………………………………………………… 156

第 5 章　一步法制备 ZnO/还原石墨烯纳米复合材料及应用 / 162

5.1　样品的制备 ………………………………………………………………… 163
5.2　电化学性能测试 …………………………………………………………… 164
5.3　性能和机理 ………………………………………………………………… 165

5.3.1　性能研究与分析 ·· 165
　　5.3.2　生成机理 ·· 172
5.4　石墨烯/金属氧化锌纳米复合薄膜的应用 ··············· 173
参考文献 ·· 174

第 6 章　改性石墨烯/酚醛树脂复合材料的制备及应用 / 177

6.1　样品的制备 ··· 178
　　6.1.1　低温热还原法制备石墨烯粉 ······················ 178
　　6.1.2　石墨烯/酚醛树脂复合材料制备 ··················· 179
　　6.1.3　样品的高温热处理 ····································· 180
6.2　性能研究与分析 ·· 180
　　6.2.1　复合材料固化后结构与性能 ······················· 180
　　6.2.2　热处理后材料结构与性能 ··························· 184
　　6.2.3　机理分析 ·· 187
6.3　石墨烯/酚醛树脂复合材料的应用 ························ 188
参考文献 ·· 189

第 7 章　改性石墨烯/酚醛树脂/碳纤维层次复合材料的制备及应用 / 192

7.1　层次复合材料试样的制备 ·································· 193
7.2　性能研究与分析 ·· 194
　　7.2.1　扫描电子显微镜（SEM）分析 ···················· 194
　　7.2.2　压缩性能 ·· 196
　　7.2.3　弯曲性能 ·· 198
　　7.2.4　摩擦性能 ·· 199
7.3　石墨烯/碳纤维/酚醛树脂复合材料的应用 ··············· 203
参考文献 ·· 203

第 8 章　石墨烯基复合材料分析方法 / 206

8.1　表征分析 ·· 207

8.1.1　X 射线衍射（XRD）分析 ·· 207
　　8.1.2　紫外-可见吸收光谱（UV-Vis）及光致荧光光谱（PL）分析 ········· 207
　　8.1.3　扫描电子显微镜（SEM）分析 ·· 207
　　8.1.4　傅里叶变换红外光谱（FTIR）分析 ······································ 208
　　8.1.5　X 射线光电子能谱（XPS）分析 ·· 208
　　8.1.6　拉曼光谱（Raman）分析 ··· 209
　　8.1.7　热重-差热分析（TG-DTA） ·· 209
　　8.1.8　原子力显微镜（AFM）分析 ··· 209
　　8.1.9　透射电子显微镜（TEM）分析 ··· 210
8.2　电化学性能测试与分析 ·· 210
　　8.2.1　循环伏安 ·· 210
　　8.2.2　恒流充放电 ·· 211
　　8.2.3　交流阻抗 ·· 211
　　8.2.4　四探针电阻测试 ·· 212
8.3　复合材料力学性能测试 ·· 212
　　8.3.1　摩擦性能 ·· 212
　　8.3.2　压缩性能 ·· 212
　　8.3.3　弯曲性能 ·· 213
参考文献 ··· 214

第 9 章　结论及趋势分析 / 215

9.1　主要结论 ··· 216
　　9.1.1　氧化石墨烯的湿法化学还原及薄膜 ····································· 216
　　9.1.2　金属硫化物/石墨烯复合及其宏观薄膜 ································· 217
　　9.1.3　金属氧化物/石墨烯复合及其宏观薄膜 ································· 218
　　9.1.4　石墨烯/碳纳米管复合薄膜 ·· 218
　　9.1.5　石墨烯/酚醛树脂/碳纤维复合材料 ······································· 219
9.2　石墨烯复合材料趋势分析 ··· 220

第1章 绪 论

根据宇宙"大爆炸"（Big Bang）理论，碳是在宇宙形成过程中由三个氦原子经热聚变而形成的固体。从此，碳元素以单质或化合物的形式广泛存在于宇宙中，成为地球上一切生物有机体的骨架元素，其独特的物理性质和多样的形态随着社会的发展而逐渐被发现。碳质材料包括碳材料和炭材料，碳材料是指几乎100%由碳元素组成的材料，而炭材料则是指碳元素占90%以上的材料。因此，碳质材料中无论是碳材料还是炭材料都与碳元素的特性密切相关。元素是具有相同核电荷数（即相同质子数）的一类原子的总称，同一元素组成的物质称为单质，同一元素组成的不同性质的单质即为同素异形体。20世纪是人类科学技术发展最迅猛的100年，碳科学也不例外。尽管炭作为一种物质，在史前人类就知道了木炭和烟炱，但直到18世纪，人们才确定性能差异极大的石墨和金刚石都是碳元素组成的单质。1789年法国的A. L. Lavoisier由"木炭"的拉丁语发音"carbo"创立"carbon"（碳）一词，而A. G. Werner和D. L. G. Harsten在同年由希腊语"写"创立了"graphite"（石墨）一词，然而直到1913年通过X射线衍射图像才确定金刚石中碳原子的四面体结构，1924年石墨的结构才被准确确定。后来，又发现了仅由单质碳构成的物质不仅仅只有金刚石和石墨两种，1968年后提出了尚存争议的炔碳。1985年后在碳元素家族中发现了C_{60}等富勒烯，1991年发现了碳纳米管，2004年又发现石墨烯也能单独存在。过去的概念中碳的同素异形体只有金刚石和石墨，以及尚存争议的炔碳，而新的认识却发现碳的同素异形体无穷无尽，它既能形成金刚石和石墨烯之类的原子型晶体，又能由C_{60}或炔碳等形成分子型晶体，如果某一种纯碳组成的碳的同素异形体因为其所具有的特性而能作为材料利用时，可将其归类为碳材料，如石墨烯、碳纳米管等。当然，金刚石习惯上一直不被看作是碳材料，而被认为是宝石材料或特殊的硬质材料。然而，实际人们生活中接触到的以及工业上广泛利用的多数是含一定数量的氢或其他元素的碳物质，如煤炭、活性炭、电池用炭棒等，即所谓的炭，而炭材料也在近代工业发展中具有不可取代的特殊性。

碳元素不仅是生命的骨架，也作为塑料、橡胶和纤维的主要构成部分帮助人类创造了一个绚丽多彩的世界。碳元素存在着众多同素异形体，除了众所周知的金刚石、石墨之外，最近30年来，碳的同素异形体——富勒烯和碳纳米管由于具有卓越的电子和力学性能而受到广泛关注[1,2]。一直以来理论和实验界都认为严格的二维晶体无法在非绝对零度稳定存在，这一假设直至 2004 年，英国曼彻斯特大学 Geim 等[3,4]采用微机械剥离法从石墨上剥下少量石墨烯单片，实现了其在空气中的无支撑悬浮，这一发现立刻震撼了科学界，随后这种新型碳材料引起科学界新一轮的"碳"研究热潮。凭借这一发现，Geim 和 Novoselov 教授一举获得 2010 年诺贝尔物理学奖。

1.1 石墨烯概述

1.1.1 石墨烯研究历程

石墨烯（graphene）碳原子间呈六角环形片状，由一层碳原子构成一个二维空间无限延伸的基面，是严格意义上的二维（2D）结构材料 [图 1-1(a)]。Partoens 等[5]研究发现当石墨少于 10 层时，就会表现出与普通三维石墨不同的电子结构，于是将 10 层以下的石墨材料统称为石墨烯材料。石墨烯是碳原子紧密堆积成单层二维周期蜂窝状晶格结构的碳质材料，它可以翘曲成零维的富勒烯 [图 1-1(b)]，卷成一维的碳纳米管（CNTs）[图 1-1(c)]，或者堆垛成三维的石墨 [图 1-1(d)]，因此石墨烯是构成其他石墨材料的基本单元。理论上，石墨烯已经拥有 60 多年的研究历史，被广泛用于描述各种碳基材料的性质。但自由态的二维晶体结构一直被认为热力学不稳定，不能在普通环境中独立存在[6]。直到 2004 年曼彻斯特大学 Geim 所在课题组利用胶带微机械剥离高定向热解石墨得到独立存在的石墨烯为止，其合成仍然被认为是无法实现的。石墨烯在很多方面具备超越现有材料的特性。石墨烯的出现，有望在从构造材料到用于电子器件的功能性材料等广泛领域引发材料革命。

理想的石墨烯，厚度仅为单层碳原子的厚度，即 0.34nm，却具有丰富而新奇的物理、化学性质。石墨烯具有优异的光学、热力学、力学性能，高的电子迁移率、比表面积和奇特的电学性能。例如，室温下半整数的量子霍尔效应、双极性的电子场效应及弹道电子传输效应、可调带隙、高弹性等，这些优异的性能使石墨烯具有广阔的应用前景。

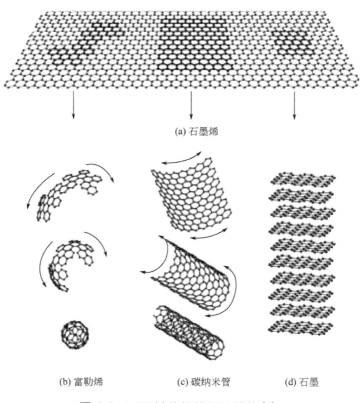

(a) 石墨烯　　(b) 富勒烯　　(c) 碳纳米管　　(d) 石墨

图 1-1　石墨烯独特的原子结构[4]

石墨烯衍生物如石墨烯的氧化衍生物[7]、石墨烯氢化物[8-10]、石墨烯氮化物及石墨烯纳米带等[11,12]也受到广泛的研究。其中，以石墨烯纳米带和石墨烯的氧化衍生物最为瞩目，前者被认为是制备纳米电子和自旋电子器件的一种理想的组成材料[12]，后者作为一种化学修饰的石墨烯材料在目前基于石墨烯材料的制备和研究过程中具有非常重要的战略地位，被认为是大规模制备石墨烯的一种有效途径。

石墨烯的氧化衍生物主要指氧化石墨烯（graphene oxide，GO），它是将前驱体氧化石墨在不同溶剂中经加热或超声剥离成片层结构而得到的，如图 1-2 所示[13]。

将化学惰性的天然石墨（层间距为 0.3354nm）进行不同程度的液相氧化处理，可得到层间距介于 0.6~1.1nm 的氧化石墨。GO 的结构与石墨烯大体相同，只是在二维基面上连有一些官能团，如图 1-3 所示[14,15]。

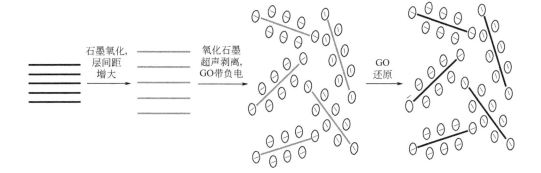

图 1-2 石墨烯的氧化与剥离

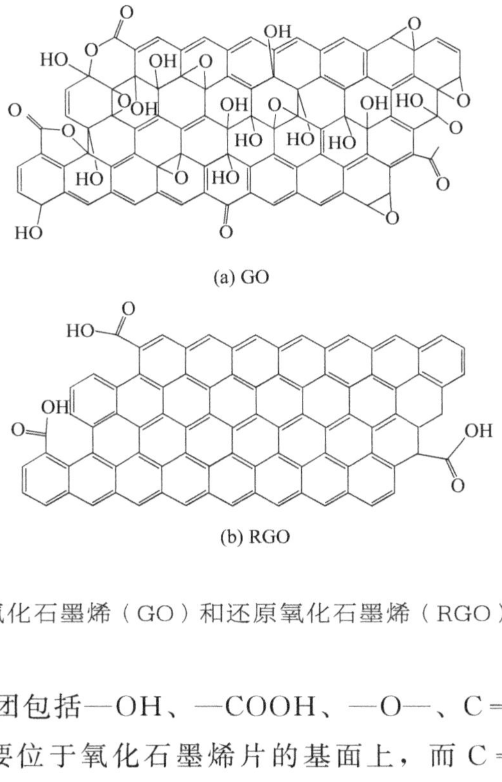

(a) GO

(b) RGO

图 1-3 氧化石墨烯（GO）和还原氧化石墨烯（RGO）结构模型

这些含氧官能团包括—OH、—COOH、—O—、C=O 等，其中—OH 和—O—官能团主要位于氧化石墨烯片的基面上，而 C=O 和—COOH 则处在石墨烯的边缘处，这使得不同片层的表面羧酸和酚式羟基基团电离而带负电荷，产生静电排斥作用，因而和石墨烯相比，它不需要表面活性剂就能在水中较好地分散，和聚合物的兼容性能也有所提高；这些含氧官能团大多是亲水的，因而 GO 的亲水性要高于石墨烯片层，利用还原去氧反应或简单加热处理能够将其转变成石墨烯。由于这类石墨烯未完全丧失含氧功能基团,严格上应称其为还原氧化石墨烯(RGO),如图1-3(b)所示。但因含氧官能团被引入GO中,层面内的π键断裂,因而失去了传导电子的能力,使之几乎变为绝缘体。目前的研究热点是希望RGO并不完全丧失含氧功能基团,而GO也不完全丧失导电子的能力,制备的GO或RGO既有部分官能团,又保有一定导电能力,这样可更有利于纳米复合材料的研究与开发。氧化石墨烯纸也是近年研究的热点。对GO水溶胶进行真空抽滤自组装可制得具有互锁或砖墙式排列结构的氧化石墨烯纸,它比碳纳米管还强韧,有望用于可控透气性膜、电子元件以及燃料电池等领域[16,17]。

1.1.2 石墨烯结构

石墨烯由碳原子按六边形晶格结构整齐排布而成的二维蜂窝状晶格碳单质组成,其中碳原子以六边形圆环形式周期性地排列于石墨烯平面内。石墨烯是由蜂窝状晶格组成的,包括两层相互透入的三角晶格,每个晶格单元中含有两个碳原子(A和B),如图1-4所示[18,19]。每个格点上的碳原子都有一个s轨道和三个p轨道,与邻近的原子以σ键连接在一起。每个碳原子还有一个2p轨道,其中有一个2p电子。这些2p轨道都垂直于sp^2杂化轨道的平面,相互平行。由于每个碳原子有四个价电子,所以每个碳原子又会贡献出一个剩余的p电子,它垂直于石墨烯平面,与周围原子形成未成键的π电子。而相互平行的p轨道满足形成π键的条件,这些π电子在晶体中自由移动赋予了石墨烯独特的电子结构和电子性质[20]。大π键中的电子并不定域于两个原子之间,而是非定域的,可以在同一层中运动,为石墨烯提供了一个理想的二维(2D)结构[21]。基于完美的二维晶体结构,石墨烯具有优异的电学、光学、力学及热学等性质。众所周知,二维晶体在热学上不稳定[22],发散的热学波动起伏破坏了长程有序结构,并且导致石墨烯在较低温度下即发生晶体结构的融解。透射电子显微镜(TEM)观察及电子衍射分析也表明单层石墨烯并不是完全平整的,而是呈现出本征的微观不平整,在平面方向发生角度弯曲[23]。这种褶皱起伏表现使得石墨烯的宏观状态易于聚集，难以以单片层的形式存在，但也可能正是这些热学波动起伏巧妙地促使其二维晶体结构有可能稳定地存在[24]。

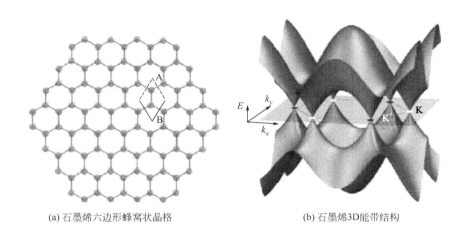

(a) 石墨烯六边形蜂窝状晶格　　(b) 石墨烯3D能带结构

图 1-4　石墨烯的六边形蜂窝状晶格及 3D 能带结构

石墨烯是能隙为零的半导体，它的价带（π电子）和导带（π*电子）相交于费米能级处（K 和 K′），在费米能级附近其载流子呈现线性色散关系[25]。与描述无质量狄拉克费米子的狄拉克能谱相似。因此，这些准粒子被称为零质量狄拉克-费米子，且更适合用狄拉克方程来描述。

石墨烯的蜂窝晶格由两个相同碳原子次晶格通过 σ 键组成，每个原子与紧邻的三个原子间形成三个 σ 键[26,27]。石墨烯中电子的行为需要用相对论量子力学中的狄拉克方程来描述，电子的有效质量为零。因此，石墨烯成为凝聚态物理学中独一无二可描述无质量狄拉克-费米子的模型体系[28]，这种现象赋予了石墨烯反常量子霍尔效应、量子霍尔效应、双极性电场效应、电子的高迁移率等新奇的电学性质。

实际上，石墨烯片层表面并不完全平整，而会出现许多褶皱（见图 1-5）[26]。石墨烯被认为是世界上最薄最硬的二维材料，其厚度仅为 0.35nm，为头发丝直径的二十万分之一[29]。与昂贵的碳纳米管和富勒烯相比，石墨烯的主要原料（石墨）易得，价格低廉。这些优异的性能和独特的纳米结构，使石墨烯近年来被广泛关注，且在许多领域具有广阔的应用前景。例如，石墨烯可以用于制造超级电容器、晶体管、集成电路、气体传感器、锂电池、催化剂载体、增强填料等[29-31]。

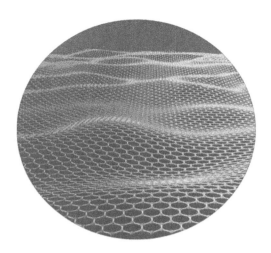

图 1-5　石墨烯表面热学波动起伏

1.1.3　石墨烯性能

2D 结构的石墨烯是已知材料中最薄的一种，然而却非常牢固坚硬，它比钻石还坚硬，其强度比世界上最好的钢铁还高 100 倍[32]。石墨烯也是目前已知导电性能最出色的材料，其电子的运动速度达到了光速的 1/300，远远超过了电子在一般导体中的运动速度[33,34]。

此外，石墨烯还具有许多优异的性能，如其杨氏模量（约 1100GPa）和断裂强度（125GPa）均可与单壁碳纳米管媲美，热导率[约 5000W/(m·K)]、载流子迁移率[$2\times10^5 cm^2/(V·s)$]以及比表面积（理论计算值 $2630m^2/g$）等也都比较高，还具有分数量子霍尔效应、量子霍尔铁磁性和激子带隙等现象[35,36]。这些优异的性能和独特的纳米结构，使石墨烯成为近年来受到广泛关注的焦点[37-39]。人们还发现了石墨烯的另一种独特性质，那就是不施加磁场，只需使石墨烯扭曲变形，就能像施加了极强磁场一样使石墨烯的电特性发生变化。因此，石墨烯还有望用作高灵敏度应变传感器元件[33]。基于石墨烯的纳米复合材料可在能量储存、液晶器件、电子器件、生物材料、传感材料和催化剂载体等领域展现出许多优良性能，具有广阔的应用前景。

1.2 石墨烯的制备方法

自从 2004 年曼彻斯特大学的研究小组发现了单层及薄层石墨烯以来，石墨烯的制备引起学术界的广泛关注。为了让石墨烯的优异性能得到更好的应用，研究者们一直在努力寻找批量、可控制备石墨烯的方法。目前，石墨烯的制备主要包括微机械剥离法、碳化硅外延生长法、化学气相沉积法等方法。

下面针对以上制备方法分别予以介绍。

1.2.1 微机械剥离法

以 1mm 厚的高取向、高温热解石墨为原料，在石墨片上用干法氧等离子体刻蚀出一个 $5\mu m$ 深的平台（尺寸为 $20\mu m\sim 2mm$，大小不等），在平台的表面涂上一层 $2\mu m$ 厚的新鲜光刻胶，焙固后，平台面附着在光刻胶层上，从石墨片上剥离下来，用透明光刻胶可重复地从石墨平台上剥离出石墨薄片，再使留在光刻胶里的石墨薄片从丙酮中释放出来。然后，将硅片浸泡其中，用一定量的水和丙酮洗涤，一些石墨薄片就会附着在硅片上。再将硅片置于丙酮中，超声去除较厚的石墨薄片，而较薄的石墨薄片（厚度 $d<10nm$）就会被牢固地保留在 SiO_2 表面（这可归结于它们之间较强的范德华力和毛细管作用力）。2004 年，Geim 等[40]用这种方法制备出了单层石墨烯（图 1-6），并可使之在外界环境下稳定存在。但其缺点是利用摩擦石墨表面获得的薄片筛选出的单层石墨烯片，其尺寸不易控制，无法可靠地制造长度足以供实际应用的薄片样本。

随后，Meyer 等[41,42]将微机械剥离法制得的含有单层石墨烯的 Si 晶片放置于一个经过刻蚀的金属架上，用酸将 Si 晶片腐蚀去除，成功制备了由金属支架支撑的悬空单层石墨烯，并用透射电镜观测了其形貌，发现单层石

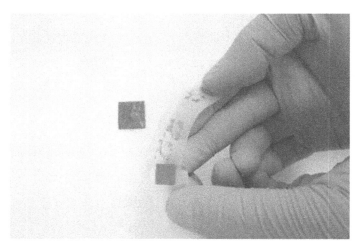

图 1-6 微机械剥离高取向、高温热解石墨获得单层石墨烯

墨烯片并不完全平整，平面上有一定高度的褶皱；发现单层石墨烯表面褶皱明显大于双层石墨烯，并且随着石墨烯层数的增加褶皱程度越来越小，最终趋于平滑。这是为了降低单层石墨烯碎片表面能量，由二维向三维的形貌转变而造成的。

1.2.2 碳化硅外延生长法

早在 20 世纪 90 年代中期，人们就已发现 SiC 单晶加热至一定的温度后，会形成石墨，在 SiC 上进行的外延生长石墨烯法也是一种较有潜力的方法。SiC 单晶外延生长石墨烯的基本工艺如下 [图 1-7(a)]：该法是通过加热 SiC（0001）单晶，使之在表面脱出硅，在单晶面上分解出石墨烯片层。经过氧化或氢气刻蚀处理，使得到的样品在高真空下（1×10^{-10} Torr，1Torr≈133.322Pa）通过电子轰击加热到 1000℃，除去氧化物。再用俄歇电子能谱确定表面的氧化物完全被移除后，将样品加热，使之温度升高至 1250～1450℃后恒温 1～20min，就可形成极薄的石墨层。当对其工艺参数进行调节时，SiC 外延生长法[43]还可实现单层和多层石墨烯[44]的可控制备。SiC 外延生长石墨烯所用到的 SiC 单晶基片包括 6H、4H、3C 等晶型。C. Berger 等在超高真空中加热单晶 SiC（1250～1450℃）脱出 Si 原子，在表面形成极薄的石墨层。此法得到的石墨烯具有高的电子迁移率,但易受SiC衬底影响,且厚度由加热温度决定,条件苛刻,成本高,需要进一步研究。这种方法制备的石墨烯很难从 SiC 基板上分离。日本东北大学研究人员通过在硅基板上直接形成 SiC 薄膜,解决了 SiC 热分解法存在的石墨烯转移困难的问题 [图 1-7(b)]。

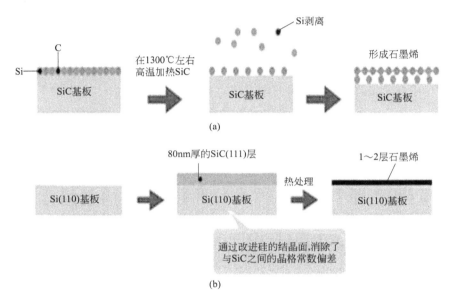

图 1-7 高温加热碳化硅基板获得石墨烯

但是,能够产生大面积且厚度均一的石墨烯并使其表现出优异的电学性质一直是个挑战。Deng 等在多年碳质材料研究的基础上,发展了一条以商品化 SiC 颗粒为原料,通过高温裂解规模制备高品质无支撑石墨烯片的新途径,如图 1-8 所示。通过对原料 SiC 粒子、裂解温度、速率以及气氛的控制,可以实现对石墨烯结构和尺寸的调控,为石墨烯作为新型电极材料以及催化材料的研究及应用奠定了基础。

1.2.3 化学气相沉积法

化学气相沉积法(CVD)提供了一种可控制备石墨烯的有效方法,CVD

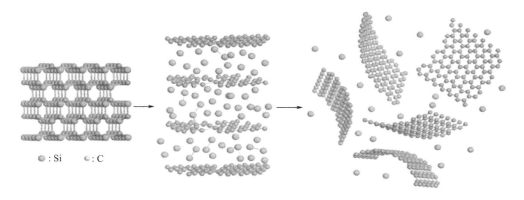

图 1-8　由商业化的多晶 SiC 颗粒制备无支撑石墨烯片的机理示意

法制备石墨烯早在 20 世纪 70 年代就有报道[45,46]，与制备碳纳米管（CNTs）不同，采用 CVD 法制备石墨烯不需要颗粒状催化剂，它是将平面基底（Pt[47]、Ru[48]、Ni[49]、Cu[50]等）置于高温可分解的前驱体（如甲烷、乙烯等）气氛中，通过高温退火使碳原子沉积在基底表面形成石墨烯，最后用化学腐蚀法去除金属基底后即可得到独立的石墨烯片。通过选择基底的类型、生长的温度、前驱体的流量等参数可调控石墨烯的生长（如生长速率、厚度、面积等）。应用此方法已能成功地制备出面积达平方厘米级的单层或多层石墨烯，其最大的优点在于可制备出面积较大的石墨烯片。此方法的缺点是必须在高温下完成，且在制作的过程中，可能形成石墨烯膜缺陷。尽管目前已经有多种制备石墨烯的 CVD 方法，石墨烯的产量和质量都有了很大程度的提高，极大促进了对石墨烯本征物理性质和应用的研究，但是一般需要将石墨烯放置到特定的基体上进行表征以及应用研究，因此石墨烯转移技术的研究在一定程度上决定了这一方法的发展前景。化学气相沉积法是反应物质在相当高的温度、气态条件下发生化学反应，生成的固态物质沉积在加热的固体基体表面，从而制得固体材料的技术。化学气相沉积法制备石墨烯一般在单晶过渡金属上进行，如 Co、Pt、Ir、Ni 等，可制得尺寸较大（面积可达几平方厘米）且质量高的石墨烯。Somani 等利用无载体的气相沉积法，在镍基板上热解樟脑得到了薄层石墨烯。最近，Robertson 等采用甲烷气流，在 Cu 基底上通过化学气相沉积法制得了具有六角形单晶区的少层石墨烯。

最近，韩国研究者[51]使用化学气相沉积法，将碳原子沉积于镍金属基板上形成石墨烯，再采用热释放胶带法成功地制备出尺寸达 30in（1in=

0.0254m）宽的石墨烯薄膜（图1-9）。该方法中的"热滚压"技术是实现完整转移的关键步骤，相比热平压具有更佳的转移效果。然而，该技术目前不适用于在硅片之类脆性基体上的转移，因此限制了该方法的应用范围。

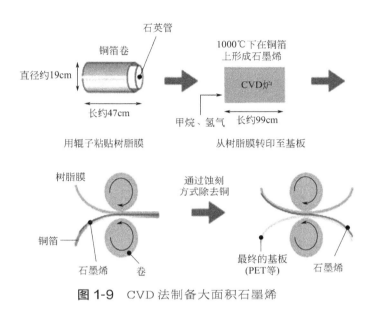

图1-9　CVD法制备大面积石墨烯

1.2.4　热膨胀剥离法

热还原GO也是一种有效制备RGO的方法。此方法采用热处理以脱去GO表面的含氧官能团达到使之还原的目的。目前热还原法主要有高温快速热膨胀法、低温快速热膨胀法、溶剂热法和微波法等。石墨烯可以从膨胀石墨快速热处理的过程中获得，目前有一些相对上述方法反应条件更温和的化学反应，以及通过膨胀氧化石墨化学还原过程，在较低成本下实现了还原石墨烯的批量制备。在对GO进行高温热处理时，将其片层表面和边缘含有的大量含氧官能团分解，进而释放出气体小分子（CO_2）和水蒸气，当产生的层间压力超过片层间的范德华力时，GO会发生单片层剥离。与此同时，高温使GO的网格结构得以修复，实现重石墨化。Schniepp[52]和Mcallister等[53]将氧化石墨置于密闭的石英管中，通入氩气，迅速加热（>2000℃/min）到1050℃，维持30s，GO分解产生的气压克服分子间的范德华力，使其迅速膨胀剥离，比表面积达到 $700\sim1500m^2/g$。随后，Lv 等[54]在高真空辅助下，将 GO 置于管式炉中进行低温（低于 200℃）快速加热剥离。所制产品比表面积达到 $382m^2/g$。此方法简单易行，且适合还原石墨烯的批量制备（图 1-10）。在此基础上，Zhang 等[55]所制备的 RGO 的平均片层厚度为 0.9nm，且比表面积高达 $758m^2/g$（图 1-11）。

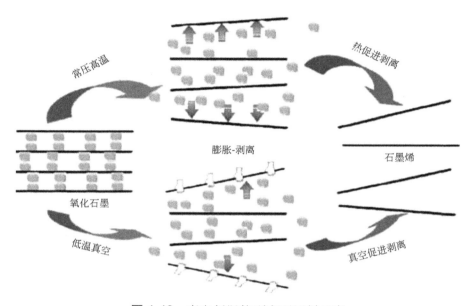

图 1-10　真空低温热剥离石墨烯示意

水热法和溶剂热法是将 GO 在水或其他溶剂中分散后置于反应釜中，在较低的温度（120~200℃）下加热，外热和反应釜自身产生的压力使 GO 上大部分含氧官能团脱除而制得 RGO[56,57]。Dubin 等[58]将氧化石墨烯分散于 N-甲基吡咯烷酮（NMP）溶剂中，经溶剂热反应后得到均相稳定的 RGO 分散液，如图 1-11(b) 所示。近年来，微波辐射法制备 RGO 也成为一种快速、有效的方法，但反应不易控制，有爆炸的危险[59,60]。

1.2.5　化学试剂还原法

化学试剂还原法是目前使用最广泛的石墨烯合成方法。目前实现石墨烯

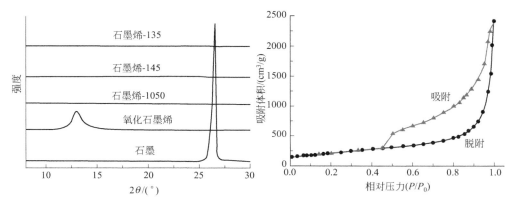

(a) 真空辅助下低温热剥离石墨烯的X射线衍射和氮气吸/脱附

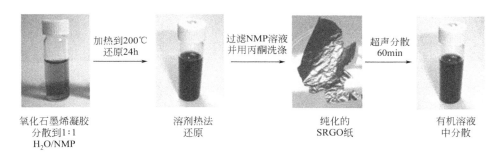

(b) 溶剂热还原氧化石墨烯均相分散液的制备示意

图 1-11 RGO 性质及制作过程

批量制备的一种有效方法是对 GO 进行还原。从 19 世纪起，氧化石墨烯的制备方法通常有 Brodie 法[61]、Standenmaier 法[62]和 Hummers 法[63]。这三种方法都是在强酸和强氧化剂中对石墨进行氧化，使其从疏水性变成亲水性。氧化石墨通过适度的液相超声，可以剥离成大量单层或层数少的 GO，使用还原剂、热及紫外光等可将其还原为 RGO。常用的还原剂有水合肼[64,65]、对苯二酚[66]、硼氢化钠[67]、氢碘酸[68,69]等。相比较而言，氧化石墨烯（GO）溶液还原法操作简便、产量大，同时还原石墨烯溶胶的产物形式也为材料的进一步加工和成型带来了方便。近来科研工作者更加关注绿色、环境友好的还原剂，如含硫化合物[70]、强碱（KOH、NaOH）超声还原[71]、Al 粉[72]、维生素 C[73,74]、乙二胺[75]、Na/CH$_3$OH[76]等。刘燕珍等[77]在水溶液中利用硫脲还原 GO 批量制备了石墨烯纳米片并提出还原机理，见图 1-12(a)。此方法可对氧化石墨烯进行有效还原，所制得的还原

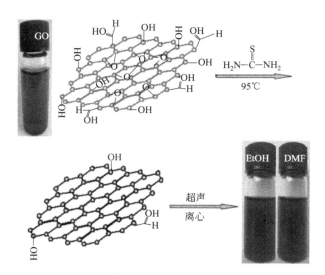

(a) 硫脲还原氧化石墨烯及其机理

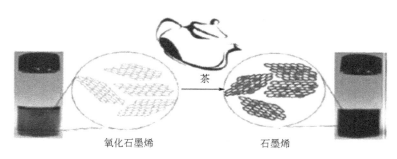

(b) 茶还原氧化石墨烯及其机理

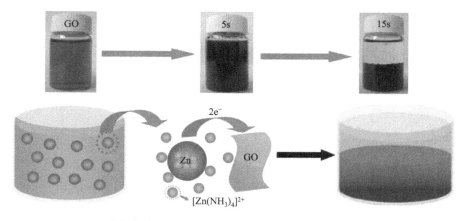

(c) 锌粉/氨水为还原体系高效还原氧化石墨烯及其机理

图 1-12 硫脲、茶、锌粉/氨水为还原体系高效还原氧化石墨烯及其机理

氧化石墨烯由单层石墨烯片和少层石墨烯片组成，其C/O原子比为6.2，电导率达635S/m。Wang等[78]采用茶还原氧化石墨烯，利用茶叶中还原能力强的芳香环茶多酚（TP）作为还原剂，证实能够有效移除在氧化石墨烯表面的含氧基团，减少石墨和芳香环之间的强相互作用，保证良好的分散性，这些特点使该方法成为环境友好的绿色方法［图1-12(b)］。刘燕珍等[79]同时还首次采用锌粉/氨水为还原体系，实现对氧化石墨烯的化学还原，如图1-12(c)所示。经锌粉/氨水处理10min后，氧化石墨烯上的大量含氧官能团，尤其是环氧基官能团被脱除，制备出C/O原子比为8.58的还原氧化石墨烯。所得产品具有较高的电导率和循环使用寿命，并提出了锌-氧化石墨烯原电池还原机理。

Ruoff等[30]首次以肼为还原剂，利用化学还原GO溶液制备出了单层还原石墨烯，但所制备的还原石墨烯仍含有极少量含氧基团，同时其共轭结构也存在一定的不完整性，如图1-13（a）所示。2010年Zhang等[80]首次采用无毒的维生素C在常温下进行GO还原，制得的RGO电导率达800S/m。Gao等[81]用维生素C作还原剂、氨基酸作稳定剂，制备了水溶性的RGO，如图1-13(b)所示。Fan等[82]通过在强碱性条件下加热被剥落的氧化石墨悬浮液得到稳定的RGO悬浮液，该方法简单，且所用药品无毒，是一种绿色的制备RGO的方法［图1-13(c)］。Zhu等[83]采用环境友好的还原性糖为还原剂，在氨水存在下，将GO水溶胶还原成水溶性好的RGO，如图1-13(d)所示。

1.2.6 液相或气相直接剥离法

通常直接把石墨或膨胀石墨加在某种有机溶剂或水中，借助超声波、加热或气流的作用可制备一定浓度的单层或多层石墨烯溶液。Coleman等参照液相剥离碳纳米管的方式将石墨分散在N-甲基吡咯烷酮中，超声1h后单层石墨烯的产率为1%[84]，而长时间的超声可使石墨烯浓度高达1.2mg/mL，单层石墨烯的产率也提高到4%[85]。当溶剂的表面能与石墨烯匹配时，溶剂与石墨烯之间的相互作用可以平衡剥离石墨烯所需的能量，从而能够较好地剥离石墨烯。

Hou等[86]提出了一种称为溶剂热插层法制备石墨烯的新方法（图1-14），该方法是以膨胀石墨（EG）为原料，利用强极性有机溶剂乙腈与石墨

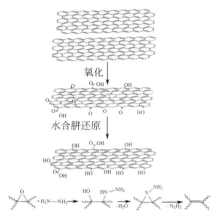
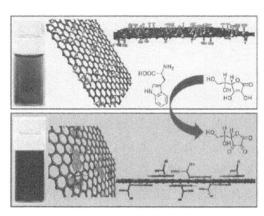

(a) 石墨烯的氧化和水合肼还原制备RGO过程及可能的还原机理

(b) 维生素C还原GO

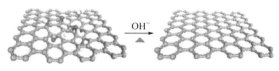

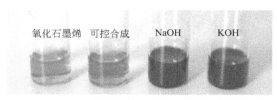

(c) 强碱性条件下GO脱氧剥离

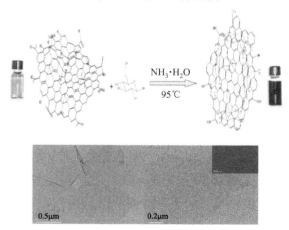

(d) 还原性糖制备水溶性RGO及透射电镜图像

图 1-13　不同 RGO 制备方法及其透射电镜图像

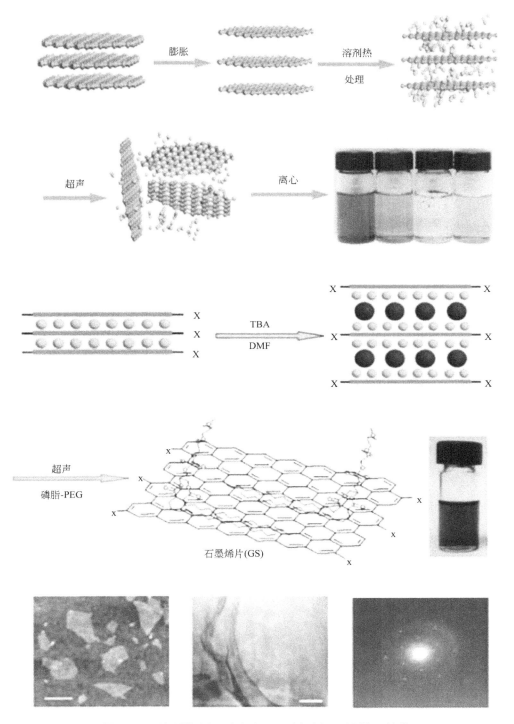

图 1-14 溶剂热插层法制备石墨烯过程及其微观结构

烯片的双偶极诱导作用来剥离、分散膨胀石墨，使石墨烯的总产率提高到10%～12%。同时，为增加石墨烯溶液的稳定性，人们往往在液相剥离石墨片层过程中加入一些稳定剂，以防止石墨烯因片层间的范德华力而重新聚集。为了同时提高单层石墨烯的产率及其溶液的稳定性，Li 等[87]提出"剥离-再插层-膨胀"方法（图 1-14），以高温处理后的部分剥离石墨为原料，用叔丁基氢氧化铵插层后，再以 DSPE-mPEG 为稳定剂，所得的石墨烯中90%为单层石墨烯，且透明度较高（83%～93%）。

1.2.7 电弧法

石墨烯也可以通过电弧放电的方法制备。在维持高电压、大电流、氢气气氛下，当两个石墨电极靠近到一定程度时会产生电弧放电，在阴极附近可收集到 CNTs 以及其他形式的碳质物，而在反应室内壁区域可得到石墨烯，这可能是氢气的存在减少了 CNTs 及其他闭合碳质结构的形成。Subrahmanyam 等[88]通过电弧放电过程制备了 2～4 层厚的石墨烯。此方法也为制备 p 型、n 型掺杂石墨烯提供了一条可行途径。Wu 等[89]发现选择不同大小和结晶度的石墨可调整石墨烯薄片的层数，并且通过在氢气氛围中热处理剥离氧化石墨可改善石墨烯的质量。氢电弧放电在生成富勒烯和碳纳米管上已得到了广泛的研究。

电弧法制备石墨烯装置见图 1-15。

图 1-15 电弧法制备石墨烯装置

1.2.8 化学合成的方法

近年来,通过有机合成的方法合成石墨烯也获得成功。通过自下而上的有机合成法可以制备具有确定结构且无缺陷的石墨烯纳米带,并可以进一步对石墨烯纳米带进行功能化修饰。Yang 等[90]以 1,4-二碘-2,3,5,6-四苯基苯为原料合成出了长度为 12nm 的石墨烯纳米带。Stride 等[91]利用乙醇和钠的溶剂热反应开发了产量达克量级的多孔石墨烯的合成方法,成为低成本、规模化制备石墨烯的途径。Qian 等[92,93]以苝酰亚胺为重复单元,通过偶联反应将两分子苝酰亚胺沿其 β 位结合在一起,合成出二并苝酰亚胺,并沿其 β 位构筑宽度受限(1nm 左右)、长度可控的石墨烯纳米带,这实现了酰亚胺基团功能化的石墨烯纳米带的高效化学合成。酰亚胺基团可赋予石墨烯纳米带新颖的结构、特殊的光电性质和潜在的应用价值。研究人员发现四溴苝酰亚胺在碘化亚铜和 L-脯氨酸的活化下可以实现多分子间的偶联反应,得到不同尺度大小的并苝酰亚胺,可实现酰亚胺基团功能化石墨烯纳米带的高效化学合成,通过高效液相分离两种三并苝酰亚胺异构体,进一步结合实验方法和理论计算可阐明其结构。

1.2.9 其他制备方法

除上述方法外,还有以下几种特别的方法可制备石墨烯。电化学还原 GO 法是一种绿色、快速、清洁可控的方法,但所得产品大部分为固体薄膜。在标准的三电极体系中,通常在工作电极上对 GO 进行电化学还原。根据所测循环伏安曲线的还原峰可对反应过程进行原位监测和控制[94]。Zhou 等[95]将 GO 喷涂到导体或绝缘衬底上,在电化学的作用下进行还原,得到 O/C 原子比小于 6.25% 的还原层,厚度可以从单层到几微米不等。他们还提出了制备石墨烯薄膜的可能机理,即

$$GNO + aH^+ + be^- \longrightarrow ER\text{-}GNO + cH_2O$$

最近,Peng 等[96]预先通过控制前驱体 GO 沉积在电极上的形态和面积,然后控制反应参数,如电压、电流和还原时间,对 GO 进行电化学还原,可得到所需大小和厚度的石墨烯薄膜。

Amartya Chakrabarti 等[97]发现一种可大规模生产石墨烯的简单方法：通过在干冰中燃烧纯金属镁就能够直接将二氧化碳转化成多层石墨烯。这种合成工艺具有生产大量多层石墨烯的潜力。目前虽然有多种方法可以制备石墨烯，但不少都需要利用危险的化学品，技术也较为烦琐。相比之下，该方法简单、环保且成本低廉。詹姆斯·图尔等首先将少量的蔗糖放置在一薄层铜箔上，然后在加热和低压下让这些蔗糖接触流动的氢气和氩气。10min 后这些蔗糖缩减成纯净的单层石墨烯，调整气体的流动可控制石墨烯薄膜的厚度。用普通的蔗糖可制造出纯净的石墨烯，用这种石墨烯可以研制出更轻、运行速度更快、更廉价、更结实柔韧的计算机电子设备，可广泛运用于军用飞机和医疗领域。

Wang 等[98]在有氧设置的环境中以石墨作为基体的条件下，利用希瓦氏细菌细胞的微生物呼吸来还原氧化石墨烯，研究了电子在细胞/GO 界面转移的途径，直接电子转移和电子介质的参与可使氧化石墨烯得到有效还原，所制备的石墨烯具有良好的电化学性能（图 1-16）。

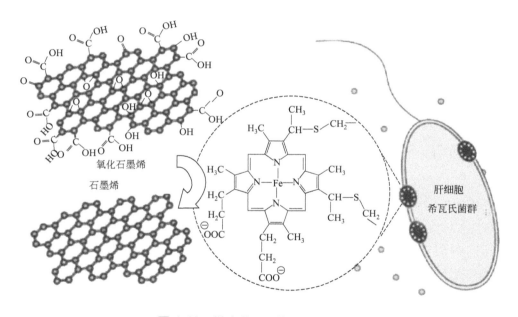

图 1-16　微生物还原氧化石墨烯

除上述方法外，还有几种可直接用石墨为原料制备石墨烯的方法，如图 1-17 所示[99-101]。

① 对石墨进行插层，然后加入表面活性剂进行超声，石墨烯单片剥离

率可达 90%。

② 利用石墨在有机溶剂中的溶解性，然后在超声波作用下将其剥离成石墨烯，但产量较低。

③ 采用高纯石墨棒为电极，在不同的电解液体系下施加电压，使阳极石墨片剥落，可获得均一的石墨烯溶液体系。

此外，对聚合物如聚苯乙烯、聚丙烯腈及聚甲基丙烯酸甲酯等[102]进行高温热处理可剥离出石墨烯，采用细菌还原 GO 法及化学合成法也可获得石墨烯。

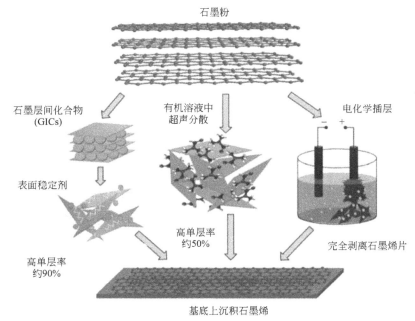

图 1-17　通过不同剥离法由石墨制备石墨烯

1.3　金属化合物纳米材料研究进展

纳米材料是联系宏观物质和微观物质的桥梁，而半导体则是介于导体和绝缘体之间的物质。近几年来，纳米半导体材料由于其小的粒径、高的比表面积，与其他块体材料相比具有许多优异的特性，纳米材料因其特殊性质，在催化、生物、光、电、磁等领域有着诱人的应用前景。

1.3.1 纳米材料特性

1.3.1.1 量子尺寸效应

当纳米晶体尺寸降低到某一值时，金属费米能级面附近的电子能级由准连续变为离散，出现半导体连续能带（价带和导带）变为分立的能级结构及带隙变宽的现象，就是所谓的量子尺寸效应[103]。量子尺寸效应导致纳米晶体的吸收光谱和荧光发射光谱向短波方向移动（蓝移）[104]。半导体纳米微粒的电子态由体相材料的连续能带过渡到分立结构的能级，表现在光学吸收谱上从没有分立结构的宽吸收过渡到具有分立结构的特征吸收。量子尺寸效应曾以小晶体内电子和空穴简单模型解释，近来有学者用有效质量模型来解释量子尺寸效应，但有效质量模型也不能很好地解释某些结论，然而有关量子尺寸效应对纳米物质性质的影响还存在不同的看法。

1.3.1.2 小尺寸效应

当颗粒的尺寸与光波波长、德布罗意波长以及超导态的相干长度或透射深度等物理特征尺寸相当或更小时，晶体周期性的边界条件将被破坏，非晶态纳米粒子的颗粒表面层附近的原子密度减小，导致声、光、电、磁、热、力学等特性呈现新的物理性质的变化，称为小尺寸效应。对超微颗粒而言，尺寸变小，同时其比表面积亦显著增加，从而可产生一系列新奇的性质。其中，有名的"久保理论"就是体积效应的典型例子。久保理论是针对金属纳米粒子费米面附近电子能级状态分布而提出的。它把金属纳米粒子靠近费米面附近的电子状态看作是受尺寸限制的简并电子态，并进一步假设它们的能级为准粒子态的不连续能级。随着纳米粒子的直径减小，能级间隔增大，电子移动困难，电阻率增大，从而可使能隙变宽，金属导体将变为绝缘体。

1.3.1.3 表面界面效应

球形颗粒的表面积与直径的平方成正比，其体积与直径的立方成正比，故其比表面积（表面积/体积）与直径成反比。随着颗粒直径的变小，比表面积将会显著地增加，颗粒表面原子数相对增多，从而使这些表面原子具有很高的活性且极不稳定，致使颗粒表现出不一样的特性，这就是表面界面效应。由于表面原子的晶体场环境和结合能与内部原子不同，表面原子周围有许多悬挂键，具有不饱和性，易与其他原子结合而使之稳定化，这是纳米微粒具有较强活性的根本原因。

1.3.1.4 宏观量子隧道效应

微观粒子的总能量在小于势垒高度时，该粒子仍能穿越这一势垒。近年来，人们发现一些宏观量，例如微颗粒的磁化强度、量子相干器件中的磁通量等亦有隧道效应，称为宏观量子隧道效应[105]。宏观量子隧道效应的研究对基础研究及实用都有着重要的意义。当微电子器件进一步细微化时，必须要考虑这一量子隧道效应。

1.3.2 ZnS、CdS 纳米材料

ZnS 是具有直接宽带隙的半导体材料，对于体材料的 ZnS 半导体而言，在 300K 时，其禁带宽度 $E_g=3.647eV$，相应的紫外吸收带边为 340nm；0K 时，体材料的吸收边蓝移至 325nm。随着粒子尺寸的减小，由于其显著的量子尺寸效应、表面界面效应，ZnS 纳米材料呈现出与其体相材料截然不同的特异性质，被广泛应用于各种发光装置、光电器件、光敏传感器以及光催化等领域。CdS 是一种典型的半导体化合物，其本体带隙约为 $E_g=2.4eV$，由于其具有良好的光电转化特性，常被用来作为太阳能电池的窗口材料。量子尺寸效应能使 CdS 的能级改变，带隙变宽，吸收和发射光谱都向短波方向移动，直观上表现为颜色的变化。纳米粒子的表面效应引起纳米微粒表面原子和构型的变化，同时也引起表面电子自旋构象和电子能谱的变化，对其光学、电学及非线性光学性质等具有重要影响，也因其在光、电、磁、催化等方面应用潜能巨大，几十年来受到了人们的广泛研究[106,107]。

1.3.3 制备方法

金属硫化物纳米材料以其新颖的光电性质和诱人的潜在应用前景而成为

当今的研究热点。到目前为止，制备纳米金属硫化物的方法有很多，大致可分为固相法[108,109]、液相法和气相法[110]三种。其中，液相法制备纳米材料是分子或离子在溶液状态下通过化学反应聚结为纳米颗粒的过程，条件温和，操作简单，是目前实验室和工业上广泛采用的制备纳米材料的方法。液相法主要包括均相沉淀法、微乳液法、溶胶-凝胶法和水热、溶剂热合成法。

本节重点介绍液相法。

1.3.3.1 均相沉淀法

传统室温液相法是 Na_2S 作为硫源与金属离子发生共沉淀，但这种方法合成的硫化物粒子尺寸分布较宽。近来人们用硫代乙酰胺（TAA）为硫源来制备金属纳米硫化物。反应方程如下：

$$CH_3CSNH_2 \longrightarrow CH_3CN + 2H^+ + S^{2-}$$

$$S^{2-} + M^{2+}(M = Zn, Cd) \longrightarrow MS$$

通过控制一定的条件如溶液的浓度、酸度、温度可调节粒径，还可以借助表面活性剂等防止纳米颗粒的团聚，从而获得均匀分散的纳米颗粒。如郭广生等[111]报道了以 TAA 和乙酸锌为原料，以 H_2SO_4 为酸度调节剂，利用均相沉淀法制备了单分散的 ZnS 及其复合颗粒。由于 TAA 释放硫源缓慢，使得溶液过饱和度不高时就会产生晶核并逐渐生长，因此，产物粒径比较大且产率不高。杨富国等[112]在综合了多种液相法的基础上，利用酸度、温度对反应物解离的影响，在一定条件下制得含有所需反应物的、稳定的前驱体溶液，通过迅速改变溶液的酸度、温度来促使颗粒大量生成，并借助表面活性剂来防止颗粒团聚，从而获得粒径为 30~40nm 的分散纳米颗粒。刘辉等[113]直接加入 NaOH 使氯化镉和硫脲混合液中的 S^{2-} 逐渐释放，以六偏磷酸钠溶液作为稳定剂，得到分布均匀且平均粒径为 5~6nm 的 CdS 纳米粒子。

1.3.3.2 微乳液法

微乳液法就是两种互不相溶的溶剂，在表面活性剂的作用下形成乳液，在微泡中经成核、聚结、团聚、热处理后得到纳米粒子，因而其粒子的单分散和界面性比较好。微乳液通常由表面活性剂、助表面活性剂、溶剂和水（或水溶液）组成。Hirai 等[114]报道了以双（2-乙基己基）硫代琥珀酸酯

(AOT) 为表面活性剂，异辛烷为油相，利用等体积混合含 $Zn(NO_3)_2$ 和 Na_2S 的反胶束溶液，得到了粒径为 2~4nm 的 ZnS 纳米颗粒。Wu 等[115]报道了用聚乙氧烯酯类表面活性剂（$C_{12}E_9$）作为胶束模板，合成了新颖的 ZnS 纳米线。黄宵滨等[116]以甲苯作油相，用等物质的量之比混合的乙酸锌和硫代乙酰胺（TAA）水溶液为水相，在乳化剂作用下超声乳化 10min，然后在 60℃下加热 1h，得到 ZnS 粒子，其直径大多在 20nm 以下，且粒子呈球形。Dmitri 等[117]采用微乳法，用 HAD-TOPO-TOP 混合溶剂修饰 CdSe 纳米颗粒，并在 CdSe 外包裹 CdS 壳层，合成多层半导体纳米材料，探讨了其光学性能。与传统沉淀过程相比，微乳法反应比较温和，沉淀过程以高度分散状态供给，可防止局部过饱和现象，从而得到分布均匀的纳米粒子。

1.3.3.3 溶胶-凝胶法

溶胶-凝胶法是一种古老的制备化合物的技术，该方法反应条件温和，可控性好，生成的纳米粉体纯度高，分散均匀。Vesna 等[118]将叔丁醇锌溶于甲苯中作为前驱体，在室温下通入 H_2S，得到淡黄色的半透明凝胶，加热干燥后制备出 ZnS 超细粉末。Stephen 等[119]用高分子加成物在溶液中与 H_2S 反应，生成的 ZnS 颗粒粒径分布窄，且被均匀包覆于聚合物基体中，粒径范围可控制在 2~5nm。用该方法制备的 ZnS 粉末纯度高，均匀度好，并可得到球形的纳米级颗粒。Cao 等[120]采用 AAO 模板巯基乙醇作为 CdS 表面修饰剂制备了六方体晶相 CdS 纳米线阵列。溶胶-凝胶法可望成为一种新型的纳米粉体制备方法。

1.3.3.4 水热、溶剂热合成

水热法是在特制的密闭反应容器（高压釜）里，采用水溶液作为反应介质，通过对反应容器加热，创造一个高温、高压的反应环境，使得通常难溶或不溶的物质溶解并且重结晶。溶剂热法是在水热法的基础上发展起来的。在密闭体系内，以有机物或非水溶媒为溶剂，在一定的温度和溶液的自身压力下，原始混合物在高压釜内以相对较低的温度进行反应。Yu 等[121]以乙二胺作溶剂制备了 ZnS 纳米材料，通过控制反应条件，成功实现了对 ZnS 纳米形貌的控制。Chen 等[122]采用新型硫源三苯基磷硫（TPPS），以甲苯作溶剂，油胺作表面活性剂，以溶剂热法制得 CdS 纳米晶体。Peng 等[123]以

Cd 粉和 Se 粉为原料,以乙二胺和吡啶为溶剂分别得到了棒状和球状 CdSe 纳米晶体,发现有机溶剂的种类和反应温度与 CdSe 纳米晶体的成核和生长有密切的关系。李小兵等[124]采用氧化-还原法合成 ZnS 纳米粒子,并结合水热法或溶剂热法的特点,使之在"活性"水或甲苯中进行反应,结果表明,以甲苯作为反应介质合成的 ZnS 纳米粒子与以去离子水作为反应介质相比,其纯度更高,并且分散性更好,然而成本也相应提高。

水热、溶剂热合成技术作为制备新型纳米复合材料的方法,在纳米颗粒的液相合成和二维材料的合成与控制方面已显示出独特的魅力。近年来,在非水体系中设计不同的反应途径合成半导体纳米材料取得了一系列重大进展,非水体系合成技术已越来越受到人们的重视。

1.3.4 石墨烯负载金属化合物复合材料

利用石墨烯优良的特性,使之与其他材料复合,可赋予所得复合材料优异的性质。可与石墨烯形成复合物的纳米粒子有很多,如负载金属纳米粒子(Pt、Au、Pd、Ag)、氧化物纳米粒子(Cu_2O、TiO_2、SnO_2)以及量子点(QDs)CdS 等。以石墨烯为载体负载纳米粒子,可以提高这些粒子在催化、传感器、超级电容器等领域中的应用。

金属硫化物是一种重要的ⅡB-ⅥA宽禁带半导体材料,具有优异的光电及催化性能。由于纳米粒子极小粒径及高比表面积,导致纳米材料具有新的性质,因此在光源、显示器、显像技术和光电子器件等方面的应用极为广泛[125-127]。由于有望在光电方面应用,在基体上组装半导体纳米粒子,例如量子点方面得到了广泛研究[128-130]。为了通过半导体基体系统来增强产生的光电流,需通过分子的电子中继半导体结构或有效的电子传输基体来延迟半导体电子空穴的再结合,例如导电聚合物薄膜或碳纳米管(CNTs)等[131,132]。石墨烯具有优良导电性和单原子厚度的二维柔性结构[133-135],使其有可能成为优良的电子传输基体。

Cao 等[136]以二甲基亚砜(DMSO)为溶剂,采用溶剂热法一步法(图 1-18)制备了 CdS-石墨烯复合材料,反应过程中 DMSO 作为溶剂,又充当还原剂。CdS 纳米点均匀地分布在石墨烯的表面,粒径大约为 10nm。通过飞秒时间分辨光谱检测到从激发态的 CdS 到石墨烯的皮秒超高速电子转移过程,

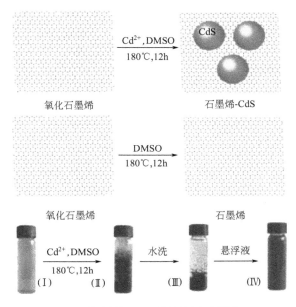

(a) 一步法制备CdS-石墨烯纳米复合材料

(b) CdS-石墨烯纳米复合材料微观TEM图

图 1-18　一步法制备 CdS-石墨烯纳米复合材料及其微观 TEM 图

说明这种新的半导体杂化材料具有潜在的光电应用价值。与 CNTs 相比，更容易控制 CdS 在二维原子厚度的柔性石墨烯片上的分布，从而更有利于进一步制造光电器件。Nethravathi 等[137]通过在含有 Cd^{2+}/Zn^{2+} 的溶液中通入 H_2S 气体，通过一步法制备了硫化物石墨烯复合材料，H_2S 同时作为硫源和还原剂。Wang 等[138]用硫脲作为硫源和还原剂通过一步法制备了 CdS/石墨烯、ZnS/石墨烯复合材料。所制备的复合材料具有很好的光电转化性能。Zhang 等[139]合成的石墨烯-ZnO 复合材料应用于超级电容器的电极材料。石墨烯由改进的 Hummers 法和肼还原过程制备，通过超声喷雾热分解将 ZnO 沉积在石墨烯上。相比纯石墨烯或 ZnO 电极，石墨烯-ZnO 复合材料薄膜在浓度为 1mol/L 的氯化钾（KCl）电解液中具有更好的可逆充电/放电能力和更高比电容（11.3F/g）。Wang 等[140]用带有丰富的负电荷的羧酸基团氧化石墨为原料，在石墨烯的表面原位形成石墨烯-CdS 纳米复合材料。相比纯 CdS 纳米晶体，掺杂石墨烯能促进 CdS 纳米晶体的电化学氧化还原过程。而且，预先制备的石墨烯-CdS 纳米复合材料能与 H_2O_2 反应生成牢固的、稳定的电致化学发光传感器。由于具有良好的性能，石墨烯可以作为加强的材料制备传感器，应用于化学和生物化学分析中。

1.3.5 薄膜材料

薄膜是一种物质形态，其材料十分广泛，可用单质或化合物，也可用无机材料或有机材料来制备薄膜。薄膜和块状物质一样，可以是非晶态的、多晶态的和单晶态的。薄膜材料按其功能不同可以分为功能薄膜和结构薄膜，前者是利用薄膜本身的性能制成元器件，而后者则主要是用来增强体材料的使用性能，如耐磨、耐腐蚀、耐高温、耐氧化性等。薄膜具体可以划分为电子薄膜、光学薄膜、机械薄膜、装饰薄膜等。

近年来，氧化石墨烯薄膜或还原氧化石墨烯薄膜也备受关注，因为它们基于石墨烯的特殊性质，也有潜在的应用前景[141,142]。由于 GO 几乎不导电，限制了其在电子器件方面的应用。然而，GO 薄膜可通过水合肼、高温热处理或微波辐射进行还原恢复其导电性[143,144]。最近，刘燕珍等[145]通过微滤自组装法制备出 MWCNT/GO（多壁碳纳米管/氧化石墨烯）杂化薄膜，所得杂化薄膜呈层状有序结构，且实现了其导电性能的有效调控。在真空下低温（200℃）热处理 1h 后，所得 MWCNT/RGO-50 杂化薄膜电导率高达 53.80S/cm，且薄膜的电化学储能可控，MWCNT/RGO-30 的比电容高达 379F/g。该杂化薄膜有望应用于复合材料、导电薄膜、太阳能电池、储能元件等方面（图 1-19）。

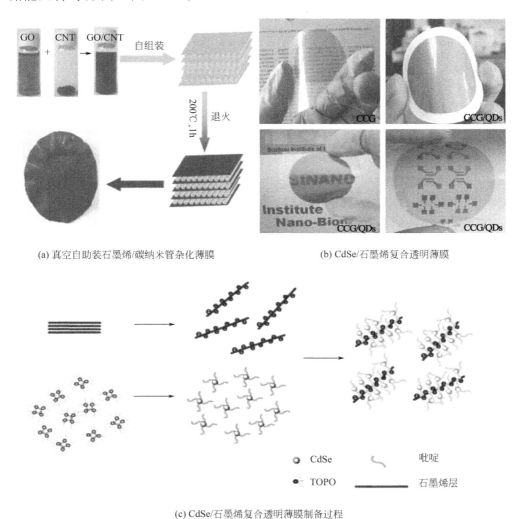

(a) 真空自助装石墨烯/碳纳米管杂化薄膜

(b) CdSe/石墨烯复合透明薄膜

(c) CdSe/石墨烯复合透明薄膜制备过程

图 1-19 真空自组装石墨烯/碳纳米管杂化薄膜及 CdSe/石墨烯复合透明薄膜及其制备过程

Geng 等[146]考察了 CdSe/石墨烯复合薄膜的制备过程（图 1-19），其具体操作方法是：将二甲基镉和硒粉混合均匀，然后溶于三膦烷的溶液中，然后将溶液快速注入热（340～360℃）三辛基氧化膦溶液中，通过控制反应过程中的各参数制备出 CdSe 纳米晶体，接着在 118℃氩气气氛中与吡啶置换

24h。通过加入己烷离心沉淀得到 CdSe 纳米点。将 CdSe 纳米点与氧化石墨烯悬浮液混合均匀,通过真空自组装得到 CdSe/石墨烯复合薄膜。通过研究发现,这种复合薄膜的光电转化效率是纯 CdSe 纳米薄膜的 10 倍。

1.4 石墨烯基纳米复合材料

纳米技术正在世界范围内蓬勃发展,半导体纳米材料因其具有特殊的光学和电学性质而逐渐成为当今物理、化学和材料学的研究热点。从性能和要求出发,如何调控和改善半导体纳米材料的尺寸、形状、微组织结构、化学状态、界面环境等问题,并发现其新的物理、化学、生物等特性,进而使材料实用化,已成为世界关注的重要科技前沿。半导体纳米材料的制备是当今纳米材料领域派生出来的一个具有丰富科学内涵的分支学科,现在已有许多种方法被开发出来制备半导体纳米材料,但是通过简单的方法制备性能优异的半导体纳米材料仍然是人们不断追求的目标,同时也具有相当大的挑战性。

半导体是导电性介于导体和绝缘体之间的材料。半导体一般分为元素半导体、合金半导体、化合物半导体、氧化物半导体和有机半导体几类。半导体在 20 世纪的电子工业革命中起到了巨大的作用。ⅡB-ⅥA 化合物半导体是继辉煌的Ⅲ-Ⅴ主族半导体之后的一个新的半导体系列。和导电性能一样,光学性能也是半导体的最重要的性能。ⅡB-ⅥA 化合物半导体的光学性能十分突出,这也是其主要用途之一。

ⅡB-ⅥA 化合物半导体是指ⅡB 族的 Zn、Cd、Hg 与ⅥA 族的 S、Se、Te 组成的二元或多元化合物材料。ⅡB-ⅥA 化合物半导体中,晶体结构有呈闪锌矿结构的 ZnSe、HgSe、ZnTe、CdTe、HgTe,也有既存在闪锌矿结构又存在纤维锌矿结构的 CdS、CdSe、ZnS、HgS。ⅡB-ⅥA 化合物半导体的能带结构均为直接跃迁型,与同周期的Ⅲ-Ⅴ化合物半导体相比,ⅡB-ⅥA 化合物半导体由于其组成原子的电负性差异更大,其禁带宽度更宽。大部分ⅡB-ⅥA 化合物半导体都属于宽禁带半导体,主要用于光电器件领域,其中 ZnS、ZnSe、CdS 和 ZnTe 是蓝绿光半导体器件材料,而 CdS 和 CdSe 是熟知的太阳能电池半导体材料。

1.4.1 石墨烯/聚合物复合材料

基于石墨烯及其复合材料的研究才刚刚起步，研究的范围仍然有限，除了石墨烯内在的性质研究外，许多基于石墨烯材料的问题还有待进一步研究。例如，石墨烯的制备、石墨烯的表面修饰、复合物性能的开发，如何将半导体纳米材料分散到石墨烯纳米片表面制成石墨烯/半导体纳米复合材料等。半导体纳米粒子的存在可使石墨烯片层间距增加到几纳米，从而可大大减小石墨烯片层之间的相互作用，使单层石墨烯的独特性质得以保留，这是通常化学修饰法难以企及的。因此，用石墨烯片负载纳米粒子，不但可以同时保持石墨烯和无机纳米粒子的固有特性，而且能够产生新颖的协同效应，具有广泛的应用价值。

关于石墨烯和氧化石墨烯纳米复合材料的研究发展十分迅速。目前的研究主要是通过溶液聚合、原位聚合、熔融共混及物理共混等途径将 GO 和 RGO 引入聚合物中制备综合性能优异的石墨烯/聚合物复合材料。

由于石墨烯具有优异的物理化学特性，将它和树脂复合，可改善树脂的各项性能，获得性能提高的石墨烯/树脂复合材料。目前关于石墨烯/聚合物复合材料的研究主要包括石墨烯与环氧树脂、乙烯基酯、聚苯乙烯等，而石墨烯/酚醛树脂复合材料的相关报道较少。其中一些性能表明，石墨烯本身的高强度、高模量且优异的柔韧性使复合材料被破坏时可以起到吸收能量的作用，从而提高环氧树脂的强度。石墨烯若能充分分散于树脂基体中，就能获得综合性能提高较多的复合材料。Ramanathan 等[147]采用热膨胀剥离法制得 RGO，并将其与聚甲基丙烯酸甲酯（PMMA）混合，用浇铸法制得了复合薄膜，如图 1-20(a) 所示。结果表明，只需加入很少量的 RGO 就可使复合材料的玻璃化转变温度、极限应力、杨氏模量及热分解温度得到提高，这可能是由于 RGO 良好的分散性、纳米片层表面的粗糙程度、比表面积大及 RGO 与 PMMA 之间的氢键作用等。Rafiee 等[148]通过溶液共混法在环氧树脂中分别加入 1%（质量分数）石墨烯粉、1%（质量分数）单壁碳纳米管和 1%（质量分数）多壁碳纳米管，所制得的石墨烯/环氧树脂复合材料的杨氏模量、抗张强度、断裂韧度等明显优于碳纳米管/环氧树脂复合材料，如图 1-20(b) 所示。最近，将 0.2%（质量分数）石墨烯加入玻璃纤维/环氧树脂复合材料中，其疲劳寿命可提高约 1200 倍，如图 1-20(c) 所示[149]。

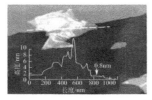

(a) 1%石墨烯-PMMA复合材料的性能改善及扫描电镜图

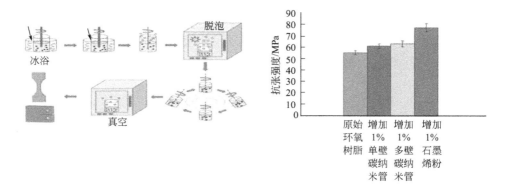

(b) 石墨烯/环氧树脂复合材料的制备及极限强度图

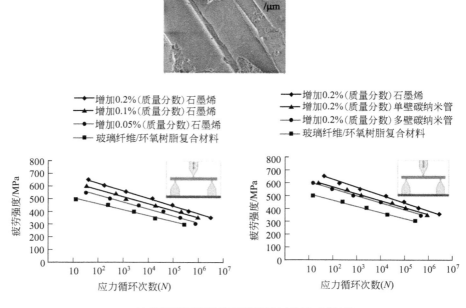

(c) 玻璃纤维/环氧树脂/石墨烯复合材料的疲劳性能

图 1-20　石墨烯基纳米复合材料照片及性能说明

通过添加石墨烯，可以改善聚合物在电学方面的性能。热固性酚醛树脂是由氢氧化钡催化制得的小分子前驱体。酚醛树脂的分子结构中有丰富的羟基，而经液相氧化处理的氧化石墨烯或经还原后所得石墨烯的片层上下表面和边界均存在着羧基、羟基等极性官能团，可与酚醛树脂的羟基形成氢键等化学键，又因其有丰富的苯环，苯环的大 π 键可以与氧化石墨烯或石墨烯的大 π 键形成 π-π 共轭。这些结构特点是酚醛树脂与氧化石墨烯和石墨烯复合的前提。在应用中氧化石墨烯和石墨烯需均匀分散在树脂中，才能发挥其独特的结构优势。Q. G. Du 等将含量为 4%（质量分数）的剥离膨胀石墨片与苯酚、甲醛、氢氧化钾进行原位缩聚反应得到酚醛树脂/石墨烯复合材料，其电导率提高约 5 倍，但没有研究其热稳定性和力学性能。

1.4.2 全碳材料

石墨烯同样可以作为组装材料与其他维度的纳米炭进行复合得到全碳材料，应用于超级电容器有其独特的优势。由于石墨烯改性后可较好地分散在不同溶剂中，稳定的石墨烯悬浮液使得石墨烯复合材料的制备更容易操作，从而有利于高性能纳米复合材料的开发。例如，石墨烯与碳纳米管和富勒烯的复合物具有很好的锂电池充放电性能，不仅具有较高的储存电容量，而且循环性也明显较好。由 GO 和 RGO 复合得到的宏观杂化炭薄膜可呈现较好的导电性能，如图 1-21 所示[150]。GO 与碳纳米管的混杂材料也表现出优越的电化学性能[151]，这是由于石墨烯是剥离的单层石墨片，其整个表面可以形成双电层。但是在形成宏观聚集体过程中，石墨烯片层本征卷曲并杂乱叠加，会使得形成有效双电层的面积减少，但所获得的比电容可通过一系列改性和掺杂而进一步提高。

此外，GO 和 RGO 含有极性基团，具有比表面积大、离子交换能力强的特点，这些特点赋予了其易于负载金属硫化物、金属原子、氧化物等纳米粒子，这类复合物在纳米电子学、催化、光学、生物技术等方面展示了潜在的应用性能。然而，石墨烯复合材料的实际应用，取决于石墨烯能否大规模、低成本地制备，因此新的制备方法尚有待继续研发。

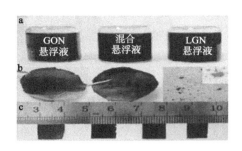
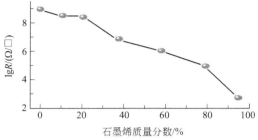

图 1-21 RGO/GO 杂化薄膜电阻率随 RGO 含量的变化

1.5 酚醛树脂及其复合材料

酚醛树脂自 1872 年问世以来，由于其原料易得、合成方便、耐热性和抗烧蚀性能优良、综合力学性能较好，因此可作为模塑料、涂料、胶黏剂、电子封装材料、复合材料树脂基体、电子及电子工程阻燃元件材料、覆铜板材料等，在化工、电子、电力、机械、航天、航空、粘接等领域得到了广泛应用[152-154]。但是，酚醛树脂结构中的酚羟基和亚甲基易被氧化，使酚醛树脂基复合材料的耐热性能受到影响。另外，其固化后呈脆性，且有耐疲劳性、耐冲击性较差等缺点，在很大程度上限制了它在高新技术领域如汽车、微电子、航空、航天等方面的应用，这些缺点也进一步使之不能很好地作碳纤维增强结构复合材料的基体[155-161]。因此，采用各种技术和方法对酚醛树脂进行改性以提高其耐热性、韧性等综合性能，成为当今重要的研究方向。

1.5.1 性能及发展史

1.5.1.1 结构与性能

酚醛树脂（phenolic resins）是一种以酚类化合物（苯酚、甲酚、二甲酚、间苯二酚等）与醛类化合物（甲醛、乙醛、糠醛等）在酸性或碱性催化剂存在下经缩聚而制得的一大类合成树脂[162,163]。其中，苯酚和甲醛缩聚制得的酚醛树脂最为重要，应用最广，是世界上最早实现工业化的合成树脂。

根据所采用原料的反应官能度、酚与醛的摩尔比及合成反应催化剂（反应物系 pH 值）不同又分为热塑性酚醛树脂和热固性酚醛树脂两大类产品，前者在无固化剂促进下具有热可塑性，后者则不需固化剂也具有自固化特性（甚至于常温环境）(图 1-22)。复合材料是近代材料科学与工程的重大发展成果。复合材料多以构成该复合材料的基体物质而分类。树脂基复合材料以聚合物中的树脂为基体，构成树脂基复合材料的另一类物质就是填充的各种各样的增强材料。酚醛树脂基复合材料在宇航工业方面（空间飞行器、火箭、导弹等）作为耐瞬时高温和烧蚀结构材料有着非常重要的用途[164,165]。

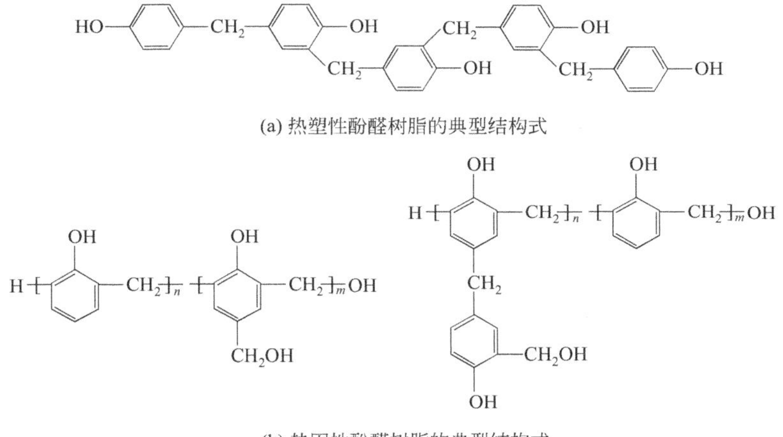

(a) 热塑性酚醛树脂的典型结构式

(b) 热固性酚醛树脂的典型结构式

图 1-22 热塑性和热固性酚醛树脂的典型结构式

（1）热性能及抗烧蚀性能

酚醛树脂固化后依靠其芳香环结构和高交联密度的特点而具有优良的热稳定性，它在 200℃ 以下基本是稳定的，一般可在不超过 180℃ 条件下长期使用。

但在无氧气氛及 700℃ 高温下，其热解所得残炭率通常为 55%～75%[166,167]。与同样可形成交联网状结构热固性树脂相比（见表 1-1），酚醛树脂的马丁耐热、玻璃化转变温度均比前两者高，尤其是在高温下，力学强度明显高于前两者。在 300℃ 以上开始分解，逐渐炭化，在更高温度下（如 800～2500℃）加速热解，此时酚醛树脂通常会吸收大量热能，同时形成具有隔热作用和较高力学强度的炭化层。将其用于航天飞行器的外部结构材料，当其返回地面穿过大气时，酚醛树脂的热解高残炭特性就可起到独特的抗烧蚀性作用及对航天飞行器的保护作用，因而被广泛用作火箭、导弹、飞机、飞船上的耐烧蚀材料[168]。

表 1-1　几种热固性树脂的热性能

项目	酚醛树脂	不饱和树脂	环氧树脂
耐热温度(商业化DIN 53458)/℃	180	115	170
耐热温度(DIN 53461)/℃	210	145	180
玻璃化转变温度(DIN 53445)/℃	>300	170	200

（2）良好的黏附性

以酚醛树脂为黏结剂，与各种添加剂或增强材料结合制得的各种各样复合材料呈现出优良的物理、化学性能和使用性能。酚醛树脂良好的黏附性本质上是由于其大分子结构上含有大量极性基团，极性强是其对其他材料黏附的有利因素。酚醛树脂固化交联前可以制成固态粉末，因其分子链呈线型，故具有可溶可熔的流动加工性。它也可制成水溶液、乙醇溶液、水乳液，这类液状物在填料和增强剂表面均有良好的铺展性。当酚醛树脂复合材料加工成型为最终制品后，其中的酚醛树脂黏结剂可转变为交联的网状结构并固化，从而保证黏结界面的稳定和持久[168,169]。

（3）良好的阻燃性

酚醛树脂制成的泡沫塑料及酚醛树脂基复合材料在建筑材料、石油化工设备和管道的保温材料、交通运输工具的结构和装饰材料等方面均有极高的利用价值，这是因为酚醛树脂有良好的阻燃性。树脂的阻燃性，通常包括是否可燃、燃烧时有无明焰、燃烧过程有无滴落物、燃烧时的发烟率、所发烟的毒性等。表征树脂阻燃性的参数主要是耗氧指数和燃烧速率。酚醛树脂燃烧时形成高碳泡沫结构，是优良的绝热体，从而可阻止材料内部进一步燃烧。酚醛树脂材料的燃烧产物主要是水、二氧化碳、焦炭和中等含量的一氧化碳，燃烧产物的毒性较低。此外，酚醛树脂基复合材料具有不燃性、低发烟率、少或无毒气放出和高的强度保留率等性能，这些性能都远优于环氧树脂、不饱和聚酯树脂、乙烯基酯树脂等。同时，还可通过添加改性磷、卤素化合物和硼的化合物以进一步改善交联度，从而提高酚醛树脂基复合材料的阻燃性[168,170]。

(4) 耐辐射性

热固性酚醛树脂本身的耐辐射性相对较差，但经不同的化学改性及与玻璃纤维或石棉复合后，所得材料具有优良的耐辐射性，且耐热性好，故酚醛模塑料可作核电设备和高压加速器的电子元件和防护涂料、处理辐射材料的装备元件、空间飞行器的电子和结构组件以及用作核电厂的防护涂料等[162]。

1.5.1.2 发展史

1897年德国化学家拜耳首先发现苯酚与甲醛在酸性条件下加热时能迅速缩合成结晶的产物及无定形的棕红色硬块或黏稠物，但当时对这种树脂状产物未进一步开展研究[162]。接着，化学家克莱堡和史密斯深入研究了苯酚与甲醛的缩合反应，但由于在溶剂蒸发中易引起不规则收缩使制件变形，而无法达到实际应用的目的。进入20世纪后，苯酚和甲醛大量生产，使二者的反应产物更加引人关注。1902年，L. Blumer推出名为Laccain的苯酚-甲醛树脂，成为第一个商业化的酚醛树脂，但这种树脂易碎，固化过程会放出水等挥发物，使制品出现多孔、鼓泡等问题而缺乏实用价值。

1905～1907年，比利时裔美国科学家Backeland对酚醛树脂进行了系统而广泛的研究，于1910年提出了关于酚醛树脂"加压，加热"固化专利，解决了关键问题，确立了预聚体高压固化技术。他将树脂缩聚反应体系分为A、B、C三个阶段，并采用木粉或其他填料克服树脂性脆的缺点，获得具有使用价值的酚醛塑料。至此，酚醛树脂开始进入实用化阶段[162,163]。

20世纪40年代，合成方法进一步成熟并多元化，出现许多改性酚醛树脂，其综合性能不断提高，促使大批科研工作者开始从事酚醛树脂生产和应用方面的研究。20世纪50年代，由于发现酚醛树脂具有良好的耐烧蚀性，美国和苏联开始将酚醛基复合材料大量用于宇航工业作为耐瞬时高温和耐烧蚀的结构材料。20世纪50年代末，苏联的传统酚醛基复合材料发展到较高水平，主要用于制造层压板材、各向异性材料等，并着重于低压成型及酚醛改性的研究[164,168]。

经过几十年来的不断努力，酚醛树脂的研究已获得巨大的进展。在1989年以前，我国仅仅将酚醛树脂作为酚醛塑料生产的原料，后来因国民经济的发展及各种应用技术的成熟，酚醛树脂的应用进入了其他工业领域。目前，酚醛树脂已经在木材加工、涂料、模塑料、层压塑料、泡沫塑料、蜂窝塑料、胶黏剂、离子交换树脂、感光树脂、复合材料等诸多领域中具有重要应用，成为重要的热固性树脂品种。

1.5.2 应用领域

酚醛树脂是最早研制成功的一类合成树脂，但由于性脆、强度较低，相当长一段时期未能获得广泛应用。当研究者发现将木粉大量填充到酚醛树脂中制成的酚醛塑料具有较高的力学性能、电绝缘性能及较理想的加工工艺性能后，酚醛树脂的生产和应用才有了蓬勃的发展和推广。酚醛树脂还具有原料价格便宜，生产工艺简单、成熟，制造和成型加工设备成本较低，以及成型容易等优点。

通用热塑性酚醛树脂主要用于制造模塑料、铸造造型材料、层压塑料、清漆和胶黏剂等。通用热固性酚醛树脂主要用于制造涂料、层压塑料、浸渍成型材料、黏结剂等。经过改性所制得的高性能酚醛树脂除在上述领域中改善各种材料或制品的综合性能外，还扩大到许多高新技术应用领域，主要用作钢铁及有色金属冶炼的耐火材料、航空航天工业的耐烧蚀材料、高速交通工具的摩擦制动材料、电子工业的电子封装和屏蔽材料、建筑及交通业的耐燃烧保温泡沫材料等[152-154]。

1.5.3 酚醛树脂改性

酚醛树脂分子链上含高交联结构和高芳环，使其性脆；强极性的酚羟基易吸水，导致其制品电性能差、机械强度下降；亚甲基键易在热氧条件下氧化断裂，导致酚醛树脂在200℃以上易热解。为适应汽车、电子、航天航空及国防工业等高新技术领域的需要，人们对酚醛树脂进行了大量改性研究，以提高其韧性及耐热性，从而开发出一系列高性能酚醛树脂及其复合材料。

改性的主要原理[168]如下。

（1）封锁酚羟基

用苯环或芳烷基等基团取代酚醛树脂的酚羟基，使酚醛树脂基复合材料或其制品吸水性降低，脆性降低，机械强度、电学性能、耐热及耐化学腐蚀性得到有效改善。

(2) 引进其他组分

引入与酚醛树脂发生化学反应或部分混合的组分，分隔或包围酚羟基，降低其吸水性，使电学性能、机械强度及耐热性能等得到有效提升。

1.5.3.1 增韧改性

目前主要通过在酚醛树脂中加入外增韧剂、内增韧剂及添加增强材料等方式来改善酚醛树脂的韧性。其中，外增韧剂一般为橡胶及柔性树脂；内增韧剂通常是在酚核间引入长链烃如腰果壳油、有机硅等使酚羟基醚化；添加的增强材料通常为玻璃纤维、玻璃布、石棉及纳米材料等。

(1) 橡胶复合改性

通常选用大分子丁腈、丁苯和天然橡胶对酚醛树脂进行增韧改性。橡胶增韧酚醛树脂属物理掺混改性，但在固化成型过程中有着不同程度的接枝或嵌段共聚反应。此外，增韧效果还与组分的相容性、共混物的形态结构、共混比例等有关，橡胶的加入量一般控制在 $6\%\sim15\%$[157,171]。另外，其他含活性基团的橡胶如环氧基丁二烯液体橡胶、羧基丙烯酸橡胶、环氧羧基丁腈橡胶都可以很好地增韧酚醛树脂。同时，由于改性体系交联密度增加，耐热性也有所提高。银贵晨[172]采用丁腈橡胶改性酚醛树脂，可较好地改善酚醛树脂的冲击强度，含有活性端基的热塑性弹性体对于改善酚醛树脂的力学性能更有效。

(2) 热塑性树脂复合改性

采用热塑性树脂与酚醛树脂共混，也是一种简单易行的增韧方法。用热塑性树脂连续地贯穿于热固性树脂网络中，形成半互穿网络聚合物来达到增韧改性的目的，如图1-23所示。目前，通常采用的热塑性树脂包括聚乙烯醇缩醛、聚乙烯醇、聚酰胺和聚醚等。

工业上应用得最多的是用聚乙烯醇缩醛改性酚醛树脂，它具有很好的韧性及较好的黏性，可提高酚醛树脂对玻璃纤维的黏结力，通过与酚醛树脂分子中的羟甲基反应生成接枝共聚物，可提高树脂的韧性、黏结力和机械强度，降低其固化速度，从而降低成型压力。传统酚醛树脂中含有酚羟基，易吸水，是造成树脂强度不高、耐热性差的主要因素，通过用聚乙烯醇缩醛进行改性，分割和包围了酚羟基，从而使其力学性能提高，韧性增加。但是由于在酚醛树脂体型结构之中引进了较长的脂肪链，所以使其耐热性下降。蒋

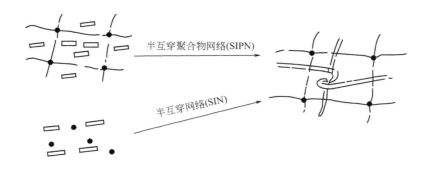

图 1-23 热塑性塑料与热固性树脂形成半互穿网络聚合物的增韧方法
●—热固性树脂基体; ▭—热塑性塑料单体

德堂等[173]在一种新型 HF-Ⅰ环氧改性 PF 中加入聚乙烯醇作改性剂,可以提高酚醛树脂的黏结力,改善其脆性,对酚醛树脂起到增韧的效果。

聚酰胺分子中含有酰氨基,通过羟甲基活泼氢在合成树脂过程中或在树脂固化过程中发生反应形成化学键或形成部分互穿网络结构,从而改善其冲击韧性和粘接性,并提高其流动性,且保持酚醛树脂的原有优点[174,175]。

(3) 腰果壳油改性

腰果壳油是一种天然产物,是从成熟的腰果壳中萃取而得的黏稠性液体,其主要结构是在苯酚的间位上带一个 15 个碳原子的单烯或双烯烃长链,因而同时具有酚类化合物的特征和脂肪族化合物的柔性。酚醛树脂大分子上苯环直接和亚甲基相连接,刚性大,使得酚醛树脂脆性大,用腰果壳油对其改性,韧性有明显改善[176]。与此类似的还有天然植物油、桐油、梓油、亚麻油、木质素等,也可通过与酚醛树脂共聚使材料的韧性得到改善。

(4) 纳米材料增韧改性

纳米粒子尺寸小、比表面积大、表面非配对原子多,因而与聚合物结合能力强,并可对聚合物基体的物理化学性质产生特殊作用。若将纳米粒子有效分散到聚合物中,则可克服常规刚性粒子不能同时增强增韧的缺点,可提高聚合物材料的韧性、强度、耐热等性能[177]。酚醛树脂具有耐高温、绝热和耐烧蚀等特点,广泛应用于火箭、航空航天等领域。然而,酚醛树脂结构中的酚羟基和亚甲基容易氧化,从而使酚醛树脂基材料的耐热性降低,力学性能也受到影响。若把纳米粒子加入酚醛树脂中,就可扬长避短,极大地拓宽其应用范围。目前可用于改性酚醛树脂的纳米材料主要有纳米 TiO_2、纳

米 SiO_2、碳纳米管、纳米碳纤维[178]和纳米蒙脱土等。前四者主要通过纳米粒子与聚合物共混方法实现增韧，对纳米蒙脱土主要采用插层法，使酚醛树脂大分子链在适当条件下插层于纳米蒙脱土片层之间，在固化过程中放热，克服硅酸盐片层之间的库仑力而剥离，使片层与酚醛树脂以纳米尺度复合[179,180]。此方法增韧的酚醛树脂比常规增韧酚醛树脂具有更好的韧性和热稳定性。车剑飞等[181]采用原位生成法将 TiO_2 纳米粒子加入硼酚醛树脂中，能显著提高其耐热性和韧性。Tai 等[182]采用化学催化蒸气沉积法制得酚醛树脂/碳纳米管复合材料，结果表明，当碳纳米管含量（质量分数）为 0.75% 和 2.0% 时，复合材料的弹性模量和抗拉强度分别达到最大值，与纯酚醛树脂相比可分别提高 29.7% 和 20.3%。

1.5.3.2 耐热改性

酚醛树脂具有高芳环和高交联结构，因此具有良好的耐热性，在 200℃ 以下能够长期稳定使用，但若超过 200℃，就会明显发生氧化，从 340～360℃ 进入热分解阶段，到 600～900℃ 时就释放出 CO、CO_2、H_2O、苯酚等物质，这在一定程度上限制了酚醛树脂的应用[157,158]。改善酚醛树脂耐热性通常是将其酚羟基醚化、酯化，通过重金属螯合及控制其后固化条件等方法来实现。

在酚醛树脂中引入芳杂环如甲苯、二甲苯、取代苯、萘等，可增加高分子链的刚性和稳定性，从而提高其玻璃化转变温度和耐热性[162]。采用芳香胺类化合物如三聚氰胺、苯胺等与苯酚、甲醛在催化剂作用下进行共缩合反应，在酚醛树脂分子结构中引入耐热性较好的芳香胺结构单元，可改善树脂的性能，尤其是耐热性能[183]，这是较为普遍的改性应用方法。三聚氰胺改性酚醛树脂的热分解温度为 438℃，比普通酚醛树脂（380℃）的要高，其耐热性提高的主要原因是引入了较稳定的杂环结构及固化树脂交联致使密度提高[157]。用硼（B）或钼（Mo）化合物改性酚醛树脂，主要改变其结构，生成键能较高的 B—O 键或 O—Mo—O 键，并形成含硼或钼的交联网络结构，故可提高耐热性[184,185]。此外，采用纳米材料改性酚醛树脂的耐热性也是一种有效途径。如上所述，纳米粒子具有强表面效应、强体积效应、表面非配对原子多等特性，可与酚醛树脂发生物理或化学结合，增强了粒子与基体的界面结合，从而可承担一定的载荷，既增强又增韧，在高温下具有高强度、高韧性、高稳定性的特点，还可提高材料的热稳定性。

综上所述，高性能酚醛树脂提高韧性的主要途径是外加柔韧性聚合物或在酚醛结构中引入柔性结构单元；提高耐热性的主要途径是提高酚醛树脂结构中的芳杂环含量或引入其他聚合物的耐热结构单元。但上述方法在提高酚醛树脂韧性的同时，通常都会使改性酚醛树脂基材料的耐热性等某些性能降低，因而使其在高新领域中的应用受到了一定的限制。随着应用领域的拓宽，改性技术研究的不断深入，更多、更好的高性能改性酚醛树脂将会在高新技术领域发挥更大的作用，而添加纳米材料有望同时提高酚醛树脂的韧性和耐热性。

参考文献

[1] Kroto H. W., Heath J. R., Obrien S. C., et al. C-60 Buekminster fullerene [J]. Nature, 1985, 318 (6042): 162-163.

[2] Iijima S. Helical microtubules of graphitic carbon [J]. Nature, 1991, 354 (6348): 56-58.

[3] Novoselov K. S., Geim A. K., Morozov S. V., et al. Electric field effect in atomically thin carbon film [J]. Science, 2004, 306 (5696): 666-669.

[4] Novoselov K. S., Geim A. K. The rise of graphene [J]. Nature Materials, 2007, 6: 183-191.

[5] Partoens B., Peeters F. M. From graphene to graphite: Electronic structure around the K point [J]. Physical Review B, 2006, 74 (7): 5404-5415.

[6] Peierls R. E., Ann I. H. Quelques properties typiques descorpses solides [J]. Poincare. 1935, 5: 177-222.

[7] Sofo, J. O., Chaudhari, A. S., Barber, G. D. Graphene: a two-dimensional hydrocarbon [J]. Phys. Rev. B., 2007, 75 (15): 3401-3408.

[8] Guo, B. D., Liu, Q., Chen, E., et al. Controllable N-doping of graphene [J]. Nano. Lett., 2010, 10 (12): 4975-4980.

[9] Long, D. H., Li, W., Ling, L. C., et al. Preparation of Nitrogen-doped graphene sheets by a combined chemical and hydrothermal reduction of graphene oxide [J]. Langmuir, 2010, 26 (20): 16096-16102.

[10] Shao, Y. Y., Zhang, S., Engelhard, H. M., et al. Nitrogen-doped graphene and its electrochemical applications [J]. J. Mater. Chem., 2010, 20 (35): 7491-7496.

[11] Wang, Z. F., Liu, F. Giant magnetoresistance in zigzag graphene nanoribbon [J]. Appl. Phys. Lett., 2011, 99 (4): 2110-2117.

[12] Tao, C. G., Jiao, L. Y., Yazyev, O. V., et al. Spatially resolving edge states of chiral

graphene nanoribbons [J]. Nat. Phys., 2011, 7 (8): 616-620.

[13] Li, D., Muller, M. B., Gilje, S., et al. Processable aqueous dispersions of graphene nanosheets [J]. Nat. Nanotechnol., 2008, 3 (2): 101-105.

[14] Xu, Y. X., Shi, G. Q. Assembly of chemically modified graphene: methods and applications [J]. J. Mater. Chem., 2011, 21 (10): 3311-3323.

[15] Gao, W., Alemany, L. B., Ci, L. J., et al. New insights into the structure and reduction of graphite oxide [J]. Nat. Chem., 2009, 1 (5): 403-408.

[16] Dikin, D. A., Stallkovieh, S., Zimney, E. J., et al. Preparation and characterization of graphene oxide paper [J]. Nature, 2007, 448 (7152): 457-460.

[17] Park, S. J., Lee, K. Graphene oxide papers modified by divalentions-enhancing mechanical properties via chemical cross-linking [J]. ACS Nano, 2008, 2 (3): 572-578.

[18] Rao C. N. R., Sood A. K., Subrahmanyam, K. S., et al. Graphene: the new two-dimensional nanomaterial [J]. Angew. Chem. Int. Ed., 2009, 48 (42): 7752-7778.

[19] Zhu Y. W., Murali S. T., Cai W. W., et al. Graphene and graphene oxide: synthesis, properties, and applications [J]. Adv. Mater., 2010, 22 (46): 3906-3924.

[20] Gastro Neto, A. H., Guinea, F., Peres, N. M. R., et al. The electronic properties of graphene [J]. Rev. Mod. Phys., 2009, 81 (1): 109-162.

[21] Rao C. N. R., Biswas K., Subrahmanyam K. S., et al. Graphene, the new nanocarbon [J]. J. Mater. Chem., 2009, 19: 2457-2469.

[22] Dato A., Radmilovic V., Lee Z., et al. Substrate-free gas-phase synthesis of graphene sheets [J]. Nano Lett., 2008, 8: 2012-2016.

[23] Hummers W. S. Preparation of graphite oxide [J]. J. Am. Chem. Soc., 1958, 80: 1339.

[24] Rao C. N. R., Sood A. K., Subrahmanyam K. S., et al. Graphene: the new two-dimensional nanomaterial [J]. Angew. Chem. Int. Ed., 2009, 48 (42): 7752-7778.

[25] Gastro Neto A. H., Guinea F., Peres N. M. R., et al. The electronic properties of graphene [J]. Rev. Mod. Phys., 2009, 81 (1): 109-162.

[26] Rao, C. N. R., Sood, A. K., Subrahmanyam, K. S., et al. Graphene: the new two-dimensional nanomaterial [J]. Angew. Chem. Int. Ed., 2009, 48 (42): 7752-7778.

[27] Zhu, Y. W., Murali, S. T., Cai, W. W., et al. Graphene and graphene oxide: synthesis, properties, and applications [J]. Adv. Mater., 2010, 22 (46): 3906-3924.

[28] Novoselov, K. S., Geim, A. K., Morozov, S. V., et al. Two-dimensional gas of massless Dirac fermions in graphene [J]. Nature, 2005, 438 (7065): 197-200.

[29] Lee, C. G., Wei, X. D., Kysar, J. W., et al. Measurement of the elastic properties and intrinsic strength of monolayer graphene [J]. Science, 2008, 321: 385-388.

[30] Park, S., Ruoff, R. S. Chemical methods for the production of graphenes [J]. Nat. Nanotechnol., 2009, 4 (4): 217-224.

[31] Huang, L. P., Wu, B., Yu, G., et al. Graphene: learning from carbon nanotubes [J].

J. Mater. Chem., 2011, 21 (4): 919-929.

[32] Lee C., Wei X., Kysar J. W., Hone J. Measurement of the elastic Properties and intrinsic strength of monolayer graphene [J]. Seience, 2008, 321 (5887): 385-388.

[33] Ponomarenko L., Schedin F., Katsnelson M., et al. Chaotic dirac billiard in graphene quantum dots [J]. Science, 2008, 320 (5874): 356-358.

[34] Zhang Y. B., Brar V. W., Girit C., et al. Origin of spatial charge inhomogeneity in graphene [J]. Nat. Phys., 2009, 5 (10): 722-726.

[35] Apalkov V. M., Chakraborty T. Fractional Quantum Hall States of Dirac Electrons in Graphene [J]. Phys. Rev. Lett., 2006, 97 (126801): 1-4.

[36] Tŏke C., Jain J. K. Composite Fermions in Graphene: Fractional Quantum Hall States without Analog in GaAs [J]. Phys. Rev. B, 2007, 75 (245440): 1-9.

[37] Du X., Skachko I., Duerr F., et al. Fractional quantum Hall effect and insulating phase of Dirac electrons in graphene [J]. Nature, 2009, (462): 192-195.

[38] Bolotin K. I., Ghahari F., Shulman M. D., et al. Observation of the fractional quantum Hall effect in graphene [J]. Nature, 2009, (462): 196-199.

[39] Nair R. R., Blake P., Grigorenko A. N., et al. Fine structure constant defines visual transparency of graphene [J]. Science, 2008, (320): 1308-1308.

[40] Novoselov K. S., Geim A. K., Morozov S. V., et al. Electric field effect in atomically thin carbon films [J]. Science, 2004, (306): 666-669.

[41] Meyer J. C., Geim A. K., Katsnelson M. I., et al. The structure of suspended graphene sheets [J]. Nature, 2007, (446): 60-63.

[42] Meyer J. C., Geim A. K., Katsnelson M. I., et al. On the roughness of single-and bilayer graphene membranes [J]. Solid State Commun, 2007, (143): 101-109.

[43] Berger C., Song Z., Li X., et al. Electronic confinement and coherence in patterned epitaxial graphene [J]. Science, 2006, 312 (5777): 1191-1196.

[44] Berger C., Song Z., Li T., et al. Ultrathin epitaxial graphite: 2D electron gas properties and a route toward graphene-based nanoelectronics [J]. J Phys Chem B, 2004, 108 (52): 19912-19916.

[45] Eizenberg M., Blakely J. M. Carbon monolayer phase condensation on Ni (111) [J]. Surface Science, 1979, 82 (1): 228-236.

[46] Isett L. C., Blakely J. M. Segregation isosteres for carbon at (100) surface of nickel [J]. Surface Science, 1976, 58 (2): 397-414.

[47] Land T. A., Michely T., Behm R. J., et al. SEM investigation of single layer graphite structures produced on Pt (111) by hydrocarbon decomposition [J]. Surf Sci, 1992, 264: 261-270.

[48] Pan Y., Zhang H. G., Shi D. X., et al. Highly orderly, millimeter-scale, continuous, single-crystalline graphene monolayer formed on Ru (0001) [J]. Advanced Materials,

2009, 21 (27): 2777-2780.

[49] Chas S. J., Gunes F., Kim K. K., et al. Synthesis of large-area graphene layers on polynickel substrate by chemical vapor deposition: wrinkle formation [J]. Advanced Materials, 2009, 21 (22): 2328-2333.

[50] Robertson A. W., Warner J. H. Hexagonal single crystal domains of few-layer graphene on copper foils [J]. Nano Lett, 2011, 11 (3): 1182-1189.

[51] Bae S., Kim H., Lee Y., et al. Roll-to-roll production of 30-inch graphene films for transparent electrodes [J]. Nature Nanotechnology, 2010, 5 (8): 574-578.

[52] Schniepp H. C., Li J. L., McAllister M. J., et al. Functionalized single graphene sheets derived from splitting graphite oxide [J]. J Phys Chem B, 2006, 110 (17): 8535-8539.

[53] Mcallister M. J., Li J. L., Adamson D. H., et al. Single sheet functionalized graphene by oxidation and thermal expansion of graphite [J]. J. Mater Chem, 2007, 19 (18): 4396-4404.

[54] Lv W., Tang D. M., He Y. B., et al. Low-temperature exfoliated graphenes: vacuum promoted exfoliation and electrochemical energy [J]. ACS Nano, 2009, 3 (11): 3730-3736.

[55] Zhang H. B., Wang J. W., Yan Q., et al. Vacuum-assisted synthesis of graphene from thermal exfoliation and reduction of graphite oxide [J]. J. Mater Chem, 2011, 21 (14): 5392-5397.

[56] Wang, H. L., Robinson, J. T., Li, X. L., et al. Solvothermal reduction chemically exfoliated graphene sheets [J]. J. Am. Chem. Soc., 2009, 131 (29): 9910-9911.

[57] Zhou, D., Cheng, Q. Y., Han, B. H. Solvothermal synthesis of homogeneous graphene dispersion with high concentration [J]. Carbon, 2011, 49 (12): 3920-3927.

[58] Dubin, S., Gilje, S., Wang, K., et al. A one-step, solvothermal reduction method for producing reduced graphene oxide dispersions in organic solvents [J]. ACS. Nano., 2010, 4 (7): 3845-3852.

[59] Li, Z., Yao, Y. G., Lin, Z. Y., et al. Ultrafast, dry microwave synthesis of graphene sheets [J]. J. Mater. Chem., 2010, 20 (23): 4781-4783.

[60] Morales, G. M., Schifani, P., Ellis, G., et al. High-quality few layer graphene produced by electrochemical intercalation and microwave-assisted expansion of graphite [J]. Carbon, 2011, 49 (8): 2809-2816.

[61] Brodie, B. C., Sur le poids atomique du graphite [J]. Ann. Chim. Phys., 1960, 59: 466.

[62] Staudenmaier, L. Verfahren zur Darstellung der Graphitsäure [J]. Ber. Deut. Chem. Ges., 1898, 31 (2): 1481-1487.

[63] Hummers, W. S., Offeman, R. E. Preparation of graphitic oxide [J]. J. Am. Chem. Soc., 1958, 80: 1339.

[64] Stankovich, S., Dikin, D. A., Piner, R. D., et al. Synthesis of graphene-based nanosheets via chemical reduction of exfoliated graphite oxide [J]. Carbon, 2007, 45 (7): 1558-1565.

[65] Geng, J. X., Liu, L. J., Yang, S. B., et al. A simple approach for preparing transparent conductive graphene films using the controlled chemical reduction of exfoliated graphene oxide in an aqueous suspension [J]. J. Phys. Chem. C., 2010, 114 (34): 14433-14440.

[66] Wang, G. X., Shen, X. P., Wang, B., et al. Synthesis and characterization of hydrophilic and organophilic graphene nanosheets [J]. Carbon, 2009, 47 (5): 1359-1364.

[67] Muszynski, R., Seger, B., Kamat, P. V. Decorating graphene sheets with gold nanoparticles [J]. J. Phys. Chem. C., 2008, 112 (14): 5263-5266.

[68] Moon, I. K., Lee, J., Ruoff, R. S., et al. Reduced graphene oxide by chemical graphitization [J]. Nat. Commun., 2010, 1 (73): 1-6.

[69] Zhao, J. P., Pei, S. F., Ren, W. C., et al. Efficient preparation of large-area graphene oxide sheets for transparent conductive films [J]. ACS. Nano., 2010, 4 (9): 5245-5252.

[70] Chen W., Yan L., Bangal P. R. Chemical reduction of graphene oxide to graphene by sulfur-containing compounds [J]. J. Phys. Chem. C 2010, 114: 19885-19890.

[71] Fan X. B., Peng W. C., Li Y., et al. Deoxygenation of exfoliated graphite oxide under alkaline conditions: A green route to graphene Preparation [J]. Adv. Mater., 2008, 20 (23): 4490-4493.

[72] Fan Z., Wang K., Wei T., et al. An environmentally friendly and efficient route for the reduction of graphene oxide by aluminum powder [J]. Carbon, 2010, 48 (5): 1686-1689.

[73] Fernandez-Merino M. J., Guardia L., Paredes J. I., et al. Vitamin C is an ideal substitute for hydrazine in the reduction of graphene oxide suspensions [J]. J. Phys. Chem. C, 2010, 114 (14): 6426-6432.

[74] Gao J., Liu F., Liu Y., et al. Environment-friendly method to produce graphene that employs vitamin C and amino acid [J]. Chem. Mater., 2010, 22 (7): 2213-2218.

[75] Zhao J. P., Pei S. F., Ren W. C., et al. Efficient preparation of large-area graphene oxide sheets for transparent conductive films [J]. ACS. Nano., 2010, 4 (9): 5245-5252.

[76] Mohanty N., Nagaraja A., Armesto J., et al. High-throughput, ultrafast synthesis of solution-dispersed graphene via a facile hydride chemistry [J]. Small, 2010, 6 (2): 226-231.

[77] Liu Y. Z., Li Y. F., Yang Y. G., et al. Reduction of graphene oxide by thiourea [J]. J Nanosci Nanotechno. 2011, 11 (11): 10082-10086.

[78] Wang Y., Shi Z. X., Yin J. Facile Synthesis of soluble graphene via a green reduction of graphene oxide in tea solution and its biocomposites [J]. ACS Appl. Mater. Interfaces 2011, 3: 1127-1133.

[79] Liu Y. Z., Li Y. F., Yang Y. G., et al. A green and ultrafast approach to the synthesis of scalable graphene nanosheets with Zn powder for electrochemical energy storage [J]. Journal of Materials Chemistry, 2011, 21: 15449-15455.

[80] Zhang, J. L., Yang, H. H., Shen, G. X., et al. Reduction of graphene oxide via L-ascorbic acid [J]. 2010, 46 (7): 1112-1114.

[81] Gao, J., Liu, F., Liu, Y. L., et al. Environment-friendly method to produce graphene that employs vitamin C and amino acid [J]. Chem. Mater., 2010, 22 (7): 2213-2218.

[82] Fan, X. B., Peng, W. C., Li, Y., et al. Deoxygenation of exfoliated graphite oxide under alkaline conditions: a green route to graphene preparation [J]. Adv. Mater., 2008, 20 (23): 4490-4493.

[83] Zhu, C. Z., Guo, S. J., Fang, Y. X., et al. Reducing sugar: new functional molecules for the green synthesis of graphene nanosheets [J]. ACS. Nano., 2010, 4 (4): 2429-2437.

[84] Hernandez Y., Nicolosi V., Lotya M., et al. High-yield production of graphene by liquid-phase exfoliation of graphite [J]. Nat. Nanotechnol., 2008, 3 (9): 563-568.

[85] Khan U., O'Neill A., Lotya M., et al. High-concentration solvent exfoliation of graphene [J]. Small, 2010, 6 (7): 864-871.

[86] Qian W, Hao R, Hou Y, et al. Solvothermal-assisted exfoliation process to produce graphene with high yield and high quality [J]. Nano Res., 2009, 2: 706-712.

[87] Li X, Zhang G, Bai X, et al. Highly conducting graphene sheets and Langmuir-Blodgett films [J]. Nat. Nanotechnol., 2008, 3 (9): 538-542.

[88] Subrahmanyam K. S., Govindaraj A., Rao C. N. R., et al. Simple method of preparing graphene flakes by an arc-discharge method [J]. Phys Chem C, 2009, 113 (11): 4257.

[89] Wu Z. S., Ren W., Gao L., et al. Synthesis of high-quality graphene with a predetermined number of layers [J]. Carbon, 2009, 47: 493.

[90] Yang X. Y., Dou X., Rouhanipour A., et al. Two-dimensional graphene nano-ribbons [J]. Journal of the A erican ChemicalSociety, 2008, 130: 4216-4217.

[91] Choucair M., Thordarson P., Stride J. A. Gram scale production of graphene based on solvothermal synthesis and sonication [J]. Nature nanotechnology, 4: 30-33.

[92] Qian H., Wang Z., Yue W., et al. Exceptional coupling of tetrachloroperylene bisimide: Combinat ion of ullmann react ion and C-H transformation [J]. J. Am. Chem. Soc., 2007, 129 (35): 10664-10665.

[93] Qian H., Negri F., Wang C., et al. Fully conjugated tri (perylene bisimides): An approach to the construction of n-type graphene nanoribbons [J]. J. Am. Chem. Soc, 2008, 130 (52): 17970-17976.

[94] Paredes, J. I., Villar-Rodil, S., Fernadez-Merino, M. J., et al. Environmentally friendly approaches toward the mass production of processable graphene from graphite oxide

[J]. J. Mater. Chem., 2011, 21 (2): 298-306.

[95] Zhou, M., Wang, Y. L., Zhai, Y. M., et al. Controlled synthesis of large-area and patterned electrochemically reduced graphene oxide films [J]. Chem-Eur. J., 2009, 15 (25): 6116-6120.

[96] Peng, X. Y., Liu, X. X., Diamond, D., et al. Synthesis of electrochemically-reduced graphene oxide film with controllable size and thickness and its use in supercapacitor [J]. Carbon, 2011, 49 (11): 3488-3496.

[97] Amartya Chakrabarti, Lu J., Skrabutenas Jennifer C., et al. Conversion of carbon dioxide to few-layer graphene [J]. Journal of Materials Chemistry, 2011, 21: 9491-9493.

[98] Wang G M, Qian F, Saltikov C W, et al. Microbial reduction of graphene oxide by Shewanella [J]. Nano Research, 2011, 4 (6): 563-570.

[99] Li, X. L., Zhang, G. Y., Bai, X. D., et al. Highly conducting graphene sheets and Langmuir-Blodgett films [J]. Nat. Nanotechnol, 2008, 3 (9): 538-542.

[100] Blake, P., Brimicombe, P. D., Nair, R. R., et al. Graphene-based liquid crystal device [J]. Nano. Lett., 2008, 8 (6): 1704-1708.

[101] Liu, N., Luo, F., Wu, H. X., et al. One-step ionic-liquid-assisted electrochemical synthesis of ionic-liquid-functionalized graphene sheets directly from graphite [J]. Adv. Funct. Mater., 2008, 18 (10): 1518-1525.

[102] Byun, S. J., Lim, H., Shin, G. Y., et al. Graphenes converted from polymers [J]. J. Phys. Chem. Lett., 2011, 2 (5): 493-497.

[103] 张志昆, 崔作林. 纳米技术与纳米材料 [M], 北京: 国防工业出版社, 2000: 81-82.

[104] Rossetti R., Ellison J. L., Gibson J. M. Size effects in the excited electronic states of small colloidal CdS crystallites [J]. J. Chem. Phys., 1984 (80): 4464-4469.

[105] Qiu Z. Q., Du Y. W., A Mossbauer study of fine iron particles [J]. Appl. Phys, 1988, 63: 4100-4104.

[106] Durose K., Edwards P. R., Halliday D. P. Materials aspects of CdTe/CdS solar cells [J]. Journal of Crystal Growth, 1999, 197 (3): 733-742.

[107] Hu H. L., Kung S. C., Yang L. M., et al. Photovoltaic devices based on electrochemical-chemical deposited CdS and Poly3-octylthiophene thin films [J]. Solar Energy Materials and Solar Cells, 2009, 93 (1): 51-54.

[108] Tsuzuki T., Ding J., Mccorm P. M. Mechanochemical synthesis of ultrafine zinc sulfide particles [J]. Physical B, 1997, 239 (3-4): 378-387.

[109] Calandra P., Longo A., Liveri V. T. Synthesis of Ultra-small ZnS nanoparticles by solid-solid reaction in the confined space of ATO reversed micelles [J]. J. Phys. Chem. B, 2003, (107): 25-30.

[110] Wang Y., Zhang L., Liang C., et al. Catalytic growth and photoluminescence properties of semiconductor single-crystal ZnS nanowires [J]. Chem. phys. Lett., 2002, (357):

314-318.

[111] 郭广生, 唐方琼. 单分散 ZnS 及其复合颗粒的制备 [J]. 物理化学学报, 2000, (16): 492-495.

[112] 杨富国, 朱琼霞, 方正. 快速均匀沉淀法制备纳米微粒 ZnS [J]. 中南工业大学学报, 2001, 32 (3): 270-272.

[113] 刘辉, 李文友, 尹洪宗, 等. CdS 纳米粒子制备的影响因素及 CdS 纳米粒子的酚藏红花体系的光谱特性 [J]. 化学学报, 2005, 63 (4): 301-306.

[114] Hirai T., Sato H., Komasaw I. Mechanism of formation of CdS and ZnS ultrafine paeticles in reverse micelles [J]. Ind. Eng. Chem. Res., 1994, (33): 3262-3265.

[115] Wu Q., Zheng N., Ding Y., et al. Micelle-template inducing synthesis of winding ZnS nanowires [J]. Inorg. Chem. Commun., 2002 (5): 671-674.

[116] 黄宵滨, 马季铭. 乳状液法制备 ZnS 纳米粒子 [J]. 应用化学, 1997 (1): 117-118.

[117] Talpain Dmitri. V., Koeppe Robert, Stephan Gotzinger, et al. Highly emissive colloidal Cdse/CdS heterosturetures of mixed dimensionality [J]. Nano. Lett., 2003, 3: 1677-1681.

[118] Vesna S. Sol-gel processing of ZnS [J]. Mater. Lett., 1997, (31): 35-40.

[119] Stephen K W, Saxton C A, Jones C L, et al. Control of gingivitis and calculus by a dentifrice containing a zinc salt and triclosan [J]. Journal of Periodontology, 1990, 61 (11): 674-679.

[120] Cao H. Q., Xu Y., Hong J. M. Sol-gel template synthesis of an array of single crystal CdS nanowires on a porous Alumina template [J]. Adv. Mater., 2001, 13: 1390-1394.

[121] Yu S. H., Yang J., Qian Y. T., et al. Optical properties of ZnS nanosheets, ZnO dendrites, and their lamellar precursor ZnS ($NH_2CH_2CH_2NH_2$)$_{0.5}$ [J]. Chem. Phys. Lett., 2002, (316): 362-365.

[122] Wei C., Chen K., Peng Q., et al. Triangular CdS nanocrystals: rational solvothermal synthesis and Optical studies [J]. Small, 2009, 5 (6): 681-684.

[123] Peng Q., Dong Y., Deng Z., et al. Seleetive synthesis and charaeterization of Cdse nanorods and fractal nanocrastals [J]. Inorg. Chem., 2002, 41 (20): 5249-5254.

[124] 李小兵, 田薛, 孙玉静, 等. ZnS 纳米粒子的水热法和溶剂热法制备 [J]. 压电与声光, 2002, 24 (4): 306-311.

[125] Hines M. A., Guyot-Sionnest P. Synthesis and characterization of strongly luminescing ZnS-Capped CdSe nanocrystals [J]. Journal of Physical Chemistry, 1996, 100 (2): 468-471.

[126] Xu C. N., Watanabe T., Akiyama M., et al. Preparation and characteristics of highly triboluminescent ZnS film [J]. Materials Research Bulletin, 1999, 34 (10-11): 1491-1500.

[127] Liu X. J., Cai X., Mao J. F., et al. ZnS/Ag/ZnS nano-multilayer films for transparent

electrodes in flat display application [J]. Applied Surface Science, 2001, 183 (1-2): 103-110.

[128] Robel I., Bunker B. A., Kamat P. V. Single-walled carbon nanotube-CdS nanocomposites as light-harvesting assemblies: Photoinduced charge-transfer interactions [J]. Advanced Materials, 2005, 17 (20): 2458-2460.

[129] Xue F. L., Chen J. Y., Guo J., et al. Enhancement of intracellular delivery of CdTe quantum dots (QDs) to living cells by Tat conjugation [J]. Journal of Fluorescence, 2007, 17 (2): 149-154.

[130] Sheeney-Haj-Ichia L., Wasserman J., Willner I. CdS-nanoparticle architectures on electrodes for enhanced photocurrent generation [J]. Advanced Materials, 2002, 14 (18): 1323-1325.

[131] Zhang M. N., Su L., Mao L. Q. Surfactant functionalization of carbon nanotubes (CNTs) for layer-by-layer assembling of CNT multi-layer films and fabrication of gold nanoparticle/CNT nanohybrid [J]. Carbon, 2006, 44 (2): 276-283.

[132] Granot E., Patolsky F., Willner I. Electrochemical assembly of a CdS semiconductor nanoparticle monolayer on surfaces: Structural properties and photoelectrochemical applications [J]. Phys. Chem. B, 2004, 108 (19): 5875-5881.

[133] Novoselov K. S., Geim A. K., Morozov S. V., et al. Two-dimensional gas of massless Dirac fermions in graphene [J]. Nature, 2005, 438 (7065): 197-200.

[134] Zhang Y. B., Tan Y. W., Stormer H. L., et al. Experimental observation of the quantum Hall effect and Berry's phase in graphene [J]. Nature, 2005, 438 (7065): 201-204.

[135] Berger C., Song Z. M., Li X. B., et al. Electronic confinement and coherence in patterned epitaxial graphene [J]. Science, 2006, 312 (5777): 1191-1196.

[136] Cao A. N., Liu Z., Chu S. S., et al. A Facile One-step Method to Produce Graphene-CdS Quantum Dot Nanocomposites as Promising Optoelectronic Materials [J]. Advanced Materials, 2010, 22 (1): 103-106.

[137] Nethravathi C., Nisha T., Ravishankar N., et al. Graphene-nanocrystalline metal sulphide composites produced by a one-pot reaction starting from graphite oxide [J]. Carbon, 2009 (47): 2054-2059.

[138] Wang P., Jiang T. F., Zhu C. Z., et al. One-step, Solvothermal synthesis of graphene-CdS and graphene-ZnS quantum dot nanocomposites and their interesting photovoltaic properties [J]. Nano Res, 2010, 3 (11): 794-799.

[139] Zhang Y. P., Li H. B., Pan L. K., et al. Capacitive behavior of graphene-ZnO composite film for supercapacitors [J]. Journal of Electroanalytical Chemistry, 2009, 634 (1): 68-71.

[140] Wang K., Liu Q., Wu X. Y., et al. Graphene enhanced electrocheniluminesence of CdS

nanocrystal for H_2O_2 sensing [J]. Talanta, 2010, 82 (1): 372-376.

[141] Chen, H. C., Müller M. B., Gilmore K. J., et al. Mechanically strong, electrically conductive, and biocompatible graphene paper [J]. Adv. Mater., 2008, 20 (18): 3557-3561.

[142] 陈成猛, 杨永岗, 温月芳, 等. 有序石墨烯导电炭薄膜的制备 [J]. 新型炭材料, 2008, 23 (4): 345-350.

[143] Aknavan O. The effect of heat treatment on formation of graphene thin films from graphene oxide nanosheets [J]. Carbon, 2009, 48 (2): 509-519.

[144] Li, Z., Yao, Y. G., Lin Z. Y., et al. Ultrafast, dry microwave synthesis of graphene sheets [J]. J. Mater. Chem., 2010, 20 (23): 4781-4783.

[145] 刘燕珍. 石墨烯制备、电化学性能及在复合材料中的应用 [D]. 太原: 中科院山西煤炭化学研究所, 2011.

[146] Geng X. M., Niu L., Xing Z. Y., et al. Aqueous-processable noncovalent chemically converted graphene-quantum dot composites for fexible and transparent optoelectronic films [J]. Adv. Mater, 2010, 22: 638-642.

[147] Ramanathan, T., Abdala, A. A., Stankovich, S., et al. Functionalized graphene sheets for polymer nanocomposites [J]. Nat. Nanotechnol., 2008, 3 (6): 327-331.

[148] Rafiee, M. A., Rafiee, J., Wang, Z., et al. Enhanced mechanical properties of nanocomposites at low graphene content [J]. ACS. Nano., 2009, 3 (12): 3884-3890.

[149] Yavari, F., Rafiee, M. A., Rafiee, J., et al. Dramatic increase in fatigue life in hierarchical graphene composites [J]. ACS. Appl. Mater. Inter., 2010, 2 (10): 2738-2743.

[150] Lv, W., Xia, Z. X., Wu, S. D., et al. Conductive graphene-based macroscopic membrane self-assembled at a liquid-air interface [J]. J. Mater. Chem., 2011, 21 (10): 3359-3364.

[151] Aboutalebi, S. H., Chidembo, A. T., Salari, M., et al. Comparison of GO, GO/MWCNTs composite and MWCNTs as potential electrode materials for supercapacitors [J]. Energ. Environ. Sci., 2011, 4 (5): 1855-1865.

[152] 胡平, 刘锦霞, 张鸿雁, 等. 酚醛树脂及其复合材料成型工艺的研究进展 [J]. 热固性树脂, 2006, 21 (1): 36-41.

[153] 田建团, 张炜, 郭亚林, 等. 酚醛树脂的耐热改性研究进展 [J]. 热固性树脂, 2006, 21 (2): 44-48.

[154] 陈智琴, 李文魁, 曾卫军, 等. 耐烧蚀酚醛树脂的研究进展 [J]. 工程塑料应用, 2007, 35 (11): 70-73.

[155] 张俊华, 李锦文, 魏化震, 等. 低成本高性能酚醛树脂基烧蚀材料的性能研究 [J]. 纤维复合材料, 2009, 36 (3): 36-42.

[156] 胡剑峰, 司徒粤, 陈焕钦. 酚醛树脂高性能化改性研究进展 [J]. 中国塑料, 2006, 20 (9): 5-8.

[157] 王艳志. 酚醛树脂复合材料的制备及其热性能研究 [D]. 兰州：兰州理工大学，2009.

[158] 魏连启. 酚醛树脂纳米复合材料及其在摩阻材料中的应用研究 [D]. 武汉：武汉理工大学，2004.

[159] 崔溢，刘京林，杨明. 耐高温结构用硼酚醛树脂的研究 [J]. 玻璃钢/复合材料，2009，(3)：68-70.

[160] 刘涛，曾黎明，叶晓川，等. 聚芳醚酮改性酚醛树脂复合材料的制备及性能研究 [J]. 化工新型材料，2009，37（8）：106-108.

[161] 吴瑶曼，黄志锉. 用红外光谱法对热固性酚醛树脂固化过程的研究 [J]. 高分子通讯，1981，(6)：403-408.

[162] 黄发荣，焦杨声. 酚醛树脂及其应用 [M]. 北京：化学工业出版社，2004.

[163] 周大鹏. 快速成型与耐热、高强度酚醛注塑料的制备技术及性能研究 [D]. 杭州：浙江大学，2005.

[164] 董瑞玲. 高绝缘高韧性耐热型酚醛塑料的研制 [D]. 西安：西北工业大学，2001.

[165] 白会超，王继辉，冀运东. 高残炭酚醛树脂的研究进展 [J]. 热固性树脂，2008，23（1）：49-51.

[166] 白侠，李辅安，李崇俊，等. 耐烧蚀复合材料用改性酚醛树脂研究进展 [J]. 玻璃钢/复合材料，2006（6）：50-55.

[167] 唐路林，邓钢，李乃宁，等. 酚醛树脂基炭化功能性材料 [J]. 热固性树脂，2008，23（4）：40-45.

[168] 钟磊. 耐高温酚醛树脂的合成及其改性研究 [D]. 武汉：武汉理工大学，2010.

[169] 欧阳兆辉，伍林，易德莲，等. 钼改性酚醛树脂黏结剂的研究 [J]. 化工进展，2005，24（8）：901-904.

[170] 殷锦捷，戴英华，崔享家. 新型增韧阻燃酚醛树脂泡沫塑料的研制 [J]. 应用化工，2010，39（2）：247-250.

[171] 赵云峰，何利军，游少雄，等. 丁腈橡胶/聚氯乙烯/酚醛树脂/受阻酚 AO60 共混阻尼材料研究 [J]. 高分子通报，2010，(11)：69-75.

[172] 银贵晨. 一种综合性能优良的酚醛树脂注射料的研制 [J]. 中国塑料，2001，15（6）：50-52.

[173] 蒋德堂，刘凡，张斌，等. HF-I 新型改性酚醛树脂研制及性能评价 [J]. 河南科学，2002，20（2）：140-143.

[174] Wang, F. Y., Ma, M. C. C., Wu, H. D. Hydrogenbonding in polyamide toughened Novolac type phenolic resin [J]. J. Appl. Poly. Sci., 1999, 74 (9): 2283-2289.

[175] 葛东彪，王书忠，胡福增. 聚醚增韧酚醛树脂及其泡沫的研究 [J]. 玻璃钢/复合材料，2003，(6)：22-27.

[176] 刘雪美，范宏，周大鹏，等. 腰果壳油改性 Novalac 酚醛树脂的合成及其模塑材料性能研究 [J]. 中国塑料，2005，19（11）：70-73.

[177] 张翼，颜红侠，李朋博，等. 热固性树脂/碳纳米管复合材料的研究进展 [J]. 中国塑

料，2009，23（10）：10-14.

[178] 刘毅佳，滕会平，郭亚林. 纳米炭纤维含量对其酚醛复合材料性能影响 [J]. 热固性树脂，2009，24（3）：21-24.

[179] 方群. 酚醛树脂/蒙脱土纳米复合材料改性研究 [D]. 昆明：西南林学院，2008.

[180] Natali M，Kenny J，Torre L. Phenolic matrix nanocomposites based on commercial grade resols: synthesis and characterization [J]. Compos Sci Technol，2010，70（4）：571-577.

[181] 车剑飞，宋晔，肖迎红，等. 纳米 TiO_2 改性硼酚醛及其在摩擦材料中的应用 [J]. 非金属矿，2001，24（3）：50-51.

[182] Tai N. H.，Yeh M. K.，Peng，T. H. Experimental study and theoretical analysis on the mechanical properties of SWNTs/phenolic composites [J]. Compos part B-Eng，2008，39（6）：926-932.

[183] 厉瑞康. 提高酚醛树脂耐热性的研究进展 [J]. 粘接，2006，27（6）：37-39.

[184] 王冬梅，赵献增. 有机硼改性酚醛树脂的合成 [J]. 中国胶粘剂，2006，15（1）：15-20.

[185] 李咸龙，石振海，张多太，等. 耐高温钼改性酚醛树脂胶粘剂的制备及耐热性研究 [J]. 粘接，2009，24（4）：55-58.

第2章

氧化石墨烯的化学还原及其复合薄膜

石墨烯（graphene）具有优异的导电性、导热性和力学性能。与昂贵的富勒烯和碳纳米管相比，石墨烯制备常用的前驱体材料——氧化石墨烯（GO）价格低廉且原料易得[1-3]。石墨作为高含碳矿物资源广泛存在于自然界中。石墨由石墨烯平行堆叠而成。石墨烯是由碳原子以 sp^2 杂化连接的单原子层构成的新型二维原子晶体，具有奇特的物理、化学性质。近年来，GO 及其还原氧化石墨烯（RGO）薄膜也备受科研工作者的关注[4-7]，有望作为超级纳米材料广泛应用于电子、光电、电容器和传感器[8-10]。

石墨烯的制备大体可以分为物理方法和化学方法两类，其中微机械剥离法费时费力，不易精确控制，重复性较差，且难以大规模制备。目前应用较广泛的制备方法为氧化还原法，即先将石墨粉氧化分散（借助超声、高速离心）到水或有机溶剂中形成稳定均相的溶胶后，再用还原剂还原得到单层或多层石墨烯。近年来，研究者广泛使用化学还原剂水合肼[11]、硼氢化钠[12]、对苯二酚[13]等还原 GO，但这些还原剂具有毒性，给环境和人类带来很多负面影响。近来，不少研究者开始探索环境友好型还原剂还原氧化石墨烯，如抗坏血酸[14]、还原性糖[15]、铝粉[16]等，但大都是基于微观上的制备，很大程度上限制了其应用范围。笔者与课题组首先采用气/液界面法制备了无支撑 GO 薄膜，但这种薄膜还原后由于含氧官能团的移除而变差，在一定程度上限制了其在电子产品中的实际应用，因而仍有改进的余地。

石墨粉经氧化引入羟基、羧基及环氧基等含氧官能团，层间距增大，经超声后可得到单层氧化石墨烯片。但是，GO 因含有含氧官能团以及较多的结构缺陷，几乎不导电。因此，对 GO 进行各种还原处理，能得到导电性较高的石墨烯，通常称作还原氧化石墨烯。目前，由 GO 化学还原制备 RGO 的方法，成本低、产量高、易功能化，因而被认为是实现石墨烯批量制备的有效方法之一。在人与自然和谐意识较强的社会，绿色法制备石墨烯成为石墨烯研究领域的又一个挑战。

本章采用 Hummers 法制备氧化石墨，进而对氧化石墨分散液进行超声，制得 GO，然后采用多种新型绿色化学还原法制备 RGO。一种是采用环境友好的还原剂——硫脲。硫脲是尿素中的氧被硫替代后形成的化合物，属于硫代酰胺。它是一种新型环保产品，分子中含有氨基，还原电位高。因此，试图用硫脲作还原剂，对 GO 进行一系列的研究。另一种是采用锌-氨水体系对 GO 进行常温快速还原，批量制备 RGO，并系统探讨了其电化学储能的性能。最后采用新型绿色化学还原剂——L-半胱氨酸还原制备 RGO。L-半胱氨酸是 20 多种天然氨基酸中唯一含有硫基的氨基酸，是一种绿色环保还原剂。然后考察水溶性聚合物——聚乙烯醇（PVA）分别对 GO、RGO 薄膜复合作用的影响及 PVA 增强薄膜的作用机理。此外，还探讨了 GO 的还原机理，期望能灵活地了解和使用这些石墨烯材料。

2.1 硫脲还原氧化石墨烯

2.1.1 氧化石墨烯的制备

采用改进 Hummers 法制备氧化石墨的工艺流程分为低温、中温及高温反应三个过程。

具体的操作步骤为：将烧杯置于冰浴中（0℃），将 10g 石墨粉和 5g 硝酸钠与 230mL 浓硫酸混合均匀，搅拌中缓慢加入 30g $KMnO_4$，控制反应温度小于 5℃，搅拌 20min，此阶段为低温反应过程，如图 2-1 所示。然后将其转移至 35℃水浴中，继续搅拌进行中温反应 30min。中温反应结束后，逐步加入 460mL 去离子水，温度升至 98℃继续反应 40min，混合物由棕褐色变成亮黄色。高温反应结束后，进一步加水稀释，并用质量分数 30% 的 H_2O_2 溶液处理，中和未反应的高锰酸钾，离心、过滤并反复洗涤滤饼，于 50℃真空干燥 48h 即得到氧化石墨，密封保存，备用。

将氧化石墨粉碎，加入水中，配制 1mg/mL 悬浮液 100mL，超声处理 60min 后，悬浮液离心处理除去其中少量杂质，得到均质稳定的氧化石墨烯（GO）悬浮液。

2.1.2 硫脲还原

采用绿色还原剂——硫脲（thiourea，TU）对 GO 进行还原制备还原氧化石墨烯，如图 2-2 所示。将 TU（0.8g）加入 60mL 去离子水中，搅拌溶

图 2-1 GO 悬浮液制备过程图

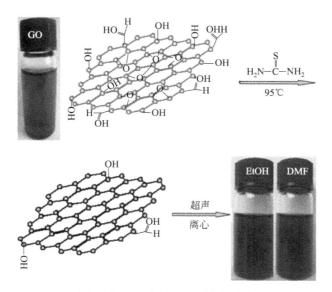

图 2-2 TU 还原 GO 过程示意

解,然后加入装有 150mL 1mg/mL GO 的三口烧瓶中,置于 95℃水浴中回流反应 8h。反应结束后,冷却至室温,用无水乙醇反复洗涤,得到 RGO,

干燥，备用。另将一部分洗涤好的 RGO 粉立即置于乙醇或 N,N-二甲基甲酰胺（DMF）中超声分散，得到均相稳定的 RGO 悬浮液。然后进行真空自组装得到 RGO 薄膜[19,20]，干燥后，采用四探针测其导电性。

2.1.3 性能研究与分析

2.1.3.1 X 射线衍射（XRD）分析

XRD 是表征石墨烯微观结构一种常用的方法。图 2-3（a）为 GO 和 TU 还原后所得 RGO 的 XRD 衍射图。众所周知，石墨的特征峰位于 $2\theta=26.7°$ 处左右，层间距约为 0.334nm。从图中可看出，经强氧化后制得的 GO 在 26.7°处的（002）特征衍射峰完全消失，而在 $2\theta=11.26°$ 处（层间距 $d=$ 0.76nm）出现（001）强特征衍射峰。层间距明显增大，这是由于在碳的片层间引入羟基、环氧基和羧基等含氧官能团后膨胀所致[21-23]。与 GO 相比，经 TU 化学还原后的 RGO，位于 11.26°处的特征衍射峰消失，并在 $2\theta=$ 24.3°处出现一小的宽峰，表明 GO 上的大部分含氧官能团被还原，且剥离成石墨烯，与文献报道一致[23]。对于此小宽峰的出现，有以下 3 个原因：

① 可能是石墨烯单片在范德华力作用下出现褶皱和少数层的堆积引起无序度增加所致；

② 可能是在超声或热处理过程中引入的结构缺陷所致；

③ 石墨烯被超声成更小的单片所致（$<1\mu m$）[24,25]。

2.1.3.2 拉曼光谱（Raman）分析

拉曼光谱是分析碳基材料结构一个非常有效的工具。拉曼光谱主要通过对比 G 峰和 D 峰的强度来表征石墨烯的微观结构和电子性能，包括无序和缺陷的结构、缺陷密度及掺杂度等[26]。通常在石墨中存在 G 峰和 D 峰两个典型特征峰，其中 G 峰是单声子的拉曼散射过程导致的 L_O 声子峰[27]，对应于有序的 sp^2 结构；D 峰是由石墨的表面无序引起的[28]。图 2-3（b）展示了 GO 和 RGO 的拉曼光谱图。在波长范围为 $1000\sim3500cm^{-1}$ 时，GO 谱图中除了出现变宽的 G 峰外，还出现了 D 峰；与石墨相比，两特征峰形变宽，峰位发生了些许变化。这可能是因为经过剧烈氧化之后，石墨烯平面内杂化

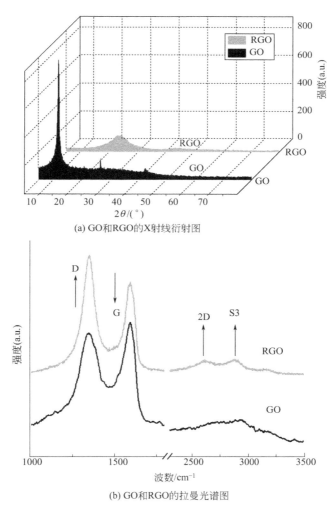

图 2-3 GO 和 RGO 的 X 射线衍射图及拉曼光谱图

状态发生了很大的变化，石墨烯平面内的 sp^2 区域逐渐变小[29]。

表 2-1 列出了 GO 和 RGO 拉曼光谱图中相应峰的位置及相对强度。当 GO 被 TU 还原后，RGO 拉曼图中仍含有 D 峰和 G 峰，G（1587cm^{-1}）峰向长波方向移动，同时，其特征峰中的 D 峰（1349cm^{-1}）开始变得尖锐。这表明 GO 上大量的含氧官能团在化学还原过程中被除去[30,31]。G 峰强度（I_G）和 D 峰强度（I_D）之比可以表示石墨结构的规整程度，I_D/I_G 值越小，规整度越高。从图中和表中可看到，RGO 的 I_D/I_G 值为 1.249，明显高于 GO 的（0.919）。I_D/I_G 值与石墨微晶平均尺寸成反比，由此可推断

GO 经强氧化和超声后规整性受到破坏，同时，经化学还原后其石墨微晶平均尺寸（即平面 sp^2 碳区平均尺寸）有所减小，但石墨微晶数量增多[32,33]。此外，还可看出 RGO 曲线中位于 $2675cm^{-1}$ 处的 2D 峰和 $2910cm^{-1}$ 处的 S3 峰的强度明显大于 GO，这表明 GO 实现了较好的还原，结果与文献报道的相似[34,35]。

▫ 表 2-1 GO 和 RGO 拉曼光谱图中 D、G、2D、S3 峰的位置及相对强度

样品	ω_D/cm^{-1}	ω_G/cm^{-1}	ω_{2D}/cm^{-1}	ω_{S3}/cm^{-1}	I_D/I_G
GO	1345	1594	2675	2910	0.919
RGO	1349	1587	2675	2910	1.249

2.1.3.3 X 射线光电子能谱（XPS）分析

为了进一步探索 GO 经 TU 化学还原后性能的变化，还对其进行了 XPS 测试，因为 GO 还原程度通常可用 XPS 测试分析得到的 C/O 原子比和元素组成来表征。图 2-4 为 GO 和 RGO 的 XPS 表面全分析图。

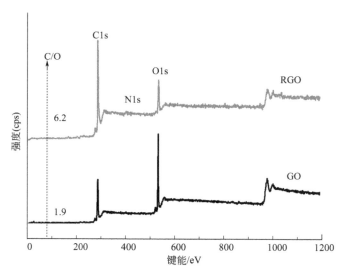

图 2-4 GO 和 RGO 的 XPS 全谱图

从 GO 的 XPS 全谱中可以看出，GO 主要由 C、O 两种元素组成，经元素分析其中 C/O 原子比为 1.9。经 TU 处理后得到 RGO，其 O1s 峰的强度

明显降低，C/O 原子比增大为 6.2，此结果与水合肼还原并于 1000℃ 退火得到的 RGO 测定结果类似，表明 GO 和 TU 反应过程中发生了氧原子的部分脱去，即发生了还原反应。此外，在 RGO 曲线上还出现一个微弱的 N1s 峰，这可能来自于 TU 和 GO 反应时引入的含氮官能团。

图 2-5 为 GO 和 RGO 的 C1s XPS 谱图，分别用 Lorentz 函数对其进行了拟合。

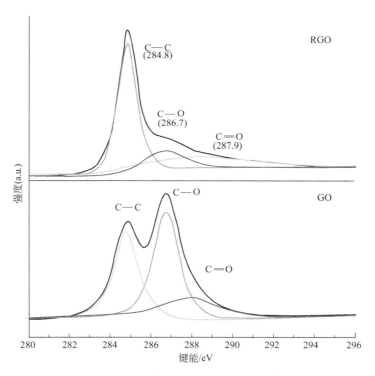

图 2-5 GO 和 RGO 的 C1s XPS 谱图

从图 2-5 中可以清楚地看到 GO 中碳原子不同状态的结合能：284.8eV 对应 sp^2 杂化中的 C—C 或 C=C 结合能[23,36,37]，286.7eV 对应 C—O—C 及 287.9eV 左右的 C=O 结合能。GO 经化学还原后，其上所有的含氧官能团特征峰强度明显降低，同时 sp^2 特征峰强度增加。这表明 GO 表面的含氧官能团会被还原剂去除，并由 sp^3 杂化向 sp^2 杂化转变[21,38]。因而在 XPS 谱图中，C1s 不同状态下的结合能的信号会发生改变。另外，从图中可看出，主要是 GO 上的环氧基团明显削弱，而其他含氧官能团的信号变化却不是很明显。由此可进一步推断出，TU 能有效还原 GO，且主要作用是脱除环氧基团。上述结果在 FTIR 光谱分析中可得到进一步证实。

2.1.3.4 傅里叶变换红外光谱（FTIR）分析

利用傅里叶变换红外光谱仪对 GO 和 RGO 的表面官能团信息进行了测试分析，如图 2-6 所示。

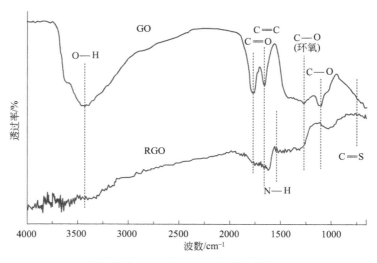

图 2-6　GO 和 RGO 红外光谱图

从图 2-6 中可以看出，石墨经强烈氧化后得到的 GO，极性含氧官能团明显增多。在 GO 曲线中，$3421cm^{-1}$、$1739cm^{-1}$、$1624cm^{-1}$、$1226cm^{-1}$、$1052cm^{-1}$ 位置的峰一般归属为 O—H、C=O、C=C、C—O—C、C—OH 基团振动峰[39]。这些极性基团，特别是表面羟基的存在，使氧化石墨很容易和水分子形成氢键，从而表现出良好的亲水性。经 TU 处理后，在 RGO 曲线上所有含氧官能团的吸收峰强度明显减弱，几乎看不到明显的 C—O—C 基团，与前述 XPS 分析结果一致。这说明 TU 对 GO 具有明显的化学还原作用。此外，在 $738cm^{-1}$ 和 $1538cm^{-1}$ 处出现微弱的 C=S 和 N—H 吸收峰，可能是来自于 GO 与 TU 在化学反应过程中引入的官能团。

2.1.3.5 热重（TG）分析

从 FTIR、XPS 及拉曼光谱分析可知，在 TU 对 GO 进行还原的过程中发生了含氧官能团的脱除，而这必将导致其热稳定性的变化。通过热重分析也可以间接地显示含氧官能团在 GO 和 RGO 中的变化，其结果如图 2-7 所示。

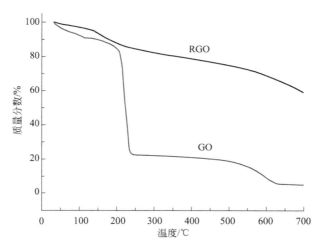

图 2-7　氮气下 GO 和 RGO 的热重曲线

在 GO 曲线中，呈现出两个失重台阶。GO 的含氧官能团在 210℃ 和 560℃ 左右会发生分解形成 CO、CO_2 或水蒸气，导致其有较大失重[22,23]。经 TU 处理后所得 RGO 的 TG 曲线中可以发现，与 GO 相比，含氧官能团较少，因而在所测温度范围内失重也较少，表明热稳定性提高[40]。由此，结合 FTIR、拉曼光谱、XPS 等分析，可以认为 TU 对 GO 可实现有效的化学还原。

2.1.3.6　原子力显微镜（AFM）分析

AFM 是用来测试石墨烯片的平均厚度的有效方法。图 2-8 为 RGO 在乙醇中分散后涂覆于硅片上测得的 AFM 数据及照片。

从图 2-8 中可以清晰地观察到数片单层石墨烯片。从其立体形貌图可以推测，除去基底的高度，石墨烯片层的平均厚度为 0.8～1.2nm。此值似乎大于完美石墨烯单片的理论厚度。然而，仔细观察可发现存在一些残留含氧官能团"小突起"使得石墨烯厚度有所增加。据文献报道，由化学法制备的石墨烯的 AFM 在 1nm 左右为单层石墨烯片[41]。由此可推断，GO 经 TU 化学还原后所得的 RGO 为单层石墨烯片和少层石墨烯片。

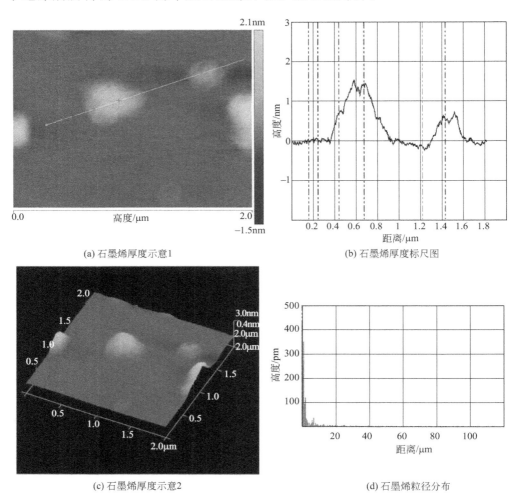

图 2-8 RGO 的 AFM 分析图

2.1.3.7 透射电子显微镜（TEM）分析

利用 TEM 对 RGO 的微观结构进行了表征。图 2-9 为 RGO 在不同分辨率下所得的 TEM 照片。

如图 2-9(a) 所示，RGO 的整体形貌表现出透明薄纱状的结构，薄层石墨烯为了保证热学稳定自发卷曲堆垛成石墨烯纳米片，并且其表面出现了本征起伏所导致的褶皱。这些褶皱则可以形成众多的纳米孔道和纳米孔穴，从而使得石墨烯具有大的比表面积，同时也表明 RGO 的层数仍在 10 以下[25]。

另外,在图 2-9(b)~(d) 中分别能看到单层、双层及六层的石墨烯片结构,

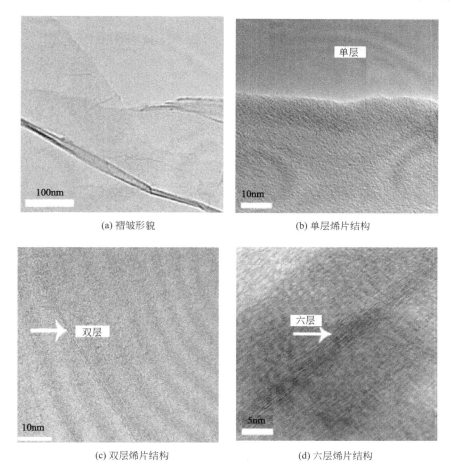

图 2-9 RGO 在不同分辨率下的 TEM 照片

表明此法所制备的 RGO 可被剥离成单层和少层石墨烯片,与 XRD、AFM 等分析结果一致。

综合实验中对 RGO 悬浮液所进行的 TEM 和 AFM 表征结果,可以发现 2.1.2 部分中制备 RGO 在超声作用下,在溶液中被分散成石墨烯单片,为后续聚合物/石墨烯纳米复合材料的制备打下了良好的基础。

2.1.3.8 电导率测定

此法制得的 RGO 能分散于乙醇和 DMF 溶剂中,但不分散于水中,可

能是与还原反应过程中 GO 上官能团的变化有关。RGO 在乙醇或 DMF 中的溶解度与还原反应时间有关,还原时间越长,溶解度越小,反之,则溶解度越大。反应时间为 8h,所得 RGO/乙醇悬浮液达 0.3mg/mL。

通过真空抽滤法可制备厚度约 $6\mu m$、直径约 45mm 的无支撑 RGO 薄膜,如图 2-10(a) 所示。采用 SEM 对 RGO 薄膜断面微观形貌进行了观察[见图 2-10(b)],发现其表面光滑,断面边缘呈现典型 GO 或 RGO 的层状结构,其形态与文献报道相似[42]。

(a) RGO薄膜照片

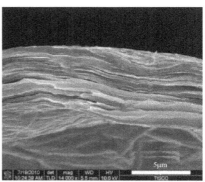
(b) RGO断面SEM照片

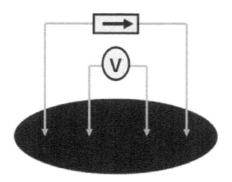
(c) RGO四探针示意

图 2-10 RGO 薄膜照片、断面 SEM 照片及四探针示意

石墨烯的导电性是其在应用方面的一个重要参数。采用四探针测试所制 RGO 薄膜的电导率,如图 2-10(c)。本实验测得 RGO 薄膜的电导率为 $635S/m$[43,44]。

2.1.3.9 反应机理

根据以上所有的表征分析，可大致推导出 TU 还原 GO 的机理如图 2-11 所示。

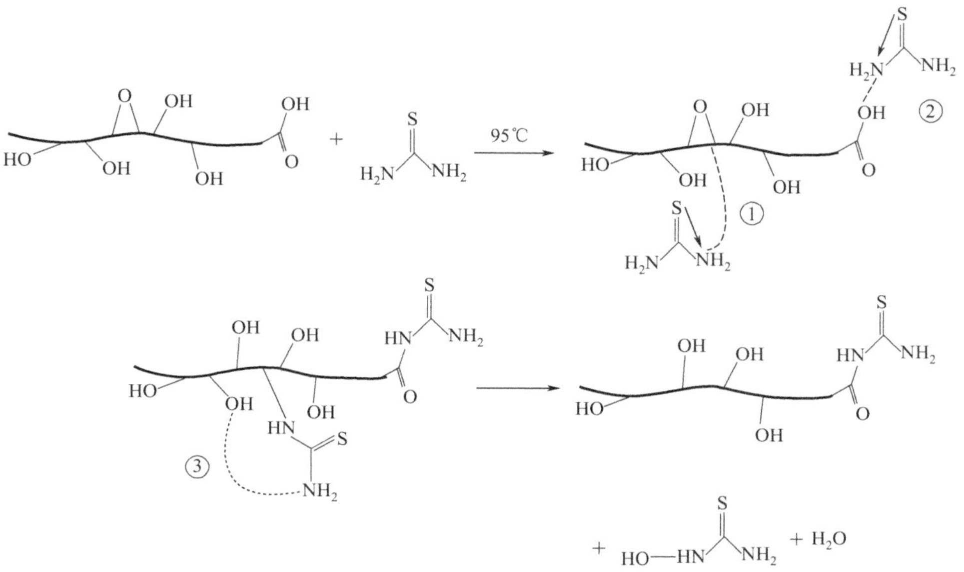

图 2-11 TU 还原 GO 可能的机理图

据目前有关文献报道，含有双氨基的化合物如水合肼、乙二胺等均能有效地将 GO 化学还原制备 RGO。TU 分子结构中同样含有双氨基，且含有 C=S 键[37]，它们都能起还原作用。氨基与位于 GO 表面的 C—O—C（①）发生开环-脱去反应，与 GO 边缘的—COOH（②）接枝反应再脱去，与 GO 表面的—OH（③）形成氢键再脱去，从而能有效除去 GO 上的大量含氧官能团。另外，由于少部分被接枝的 TU 分子没有完全脱除，其分子间能产生静电排斥作用而使 RGO 可分散于有机溶剂中。

采用同时含有硫和氨结构的 TU 对 GO 进行化学还原制备了 RGO。通过 FTIR、XRD、XPS、拉曼光谱、SEM、AFM 和 TEM 等对 GO 还原前后进行表征分析。此法所制得的 RGO 由单层石墨烯片和少层石墨烯片组成，其 C/O 原子比为 6.2，电导率可达 635S/m，并能分散于 DMF 和乙醇等有机溶剂中。这一方法可避免使用有毒的化学还原剂，因而是一种绿色有效的制备石墨烯的方法。

2.2 锌粉/氨水体系还原

2.2.1 氧化石墨的制备

氧化石墨制备方法与2.1.1部分内容相同。

2.2.2 锌粉/氨水体系还原制备石墨烯片

制备石墨烯片（graphene nanosheets，GNs）的具体方法为：将氧化石墨粉碎，加入水中，配制1.5mg/mL的悬浮液，超声处理60min后，悬浮液离心处理除去其中少量杂质，得到均质稳定的氧化石墨烯（GO）悬浮液。将10mL浓度为25%的氨水加入10mL 1.5mg/mL的GO悬浮液中，混合均匀。然后将其置于超声清洗器中，一边超声一边连续缓慢地加入0.1g锌粉。当锌粉完全加入5s后，棕黄色的GO悬浮液变成黑色絮状团聚物，15s后黑色絮状物下沉至瓶底，上层则为清水，如图2-12所示。为了提高

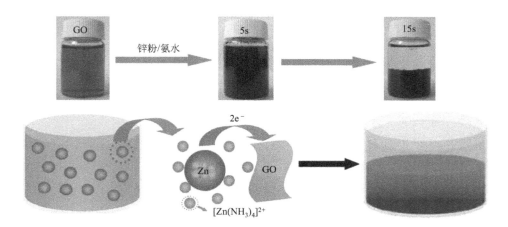

图2-12 GNs的制备及锌粉/氨水体系还原机理

GO 的还原程度，继续将其超声 10min 及 60min，所得 GNs 分别命名为 GNs-10 和 GNs-60。然后对产品进行水洗至中性以除去氨水，接着用 35% 浓盐酸浸泡洗涤，以除去未参与反应的 Zn 粉，再水洗至中性，并于 60℃ 真空干燥 24h。

2.2.3 电化学测试

采用三电极体系在 6mol/L KOH 溶液中对样品进行循环伏安和恒流充放电测试。活性物质电极、铂电极和饱和甘汞电极分别作为工作电极、对电极和参比电极。工作电极的制备方法如下：将质量分数为 95% 的活性物质（所制 GNs）和 5% 聚四氟乙烯均匀混合，然后将混合好的活性物质均匀涂敷在 $1cm^2$ 的镍网上，120℃ 干燥 12h，在压片机上以 10MPa 压力压成片。循环伏安和恒流充放电测试在 CHI760D 电化学工作站上进行，循环伏安区间电位为 $-0.9 \sim 0V$（vs 饱和甘汞电极）。恒流充放电的电流密度范围为 $0.1 \sim 10 A/g$。

2.2.4 性能研究与分析

2.2.4.1 扫描电子显微镜（SEM）分析

为了观察 GO 经锌粉/氨水体系还原后得到的 GNs-10 在浓盐酸洗涤前后的形貌，对 GNs-10 进行了 SEM 测试（见图 2-13）。

如图 2-13(a) 所示，GNs 已被剥离成单片，其片层较薄，具有很好的透光性，且呈现出较大横向尺寸（从几百纳米至几微米）。由于石墨烯具有较大的比表面积和长径比，为了保持其热力学稳定性，会自发卷曲，以降低其较大的表面能，因而图中 GNs 边缘呈现少许褶皱[25,45,46]。有意思的是，在 GNs 上均匀分布着许多直径为 $10 \sim 15nm$ 的纳米颗粒，但实验中使用的 Zn 原料粒径为 $10 \sim 30\mu m$，因而初步推断这些颗粒的主要成分应该不是 Zn 粉原料颗粒。经过浓盐酸和氨水洗涤并干燥后再对所制 GNs 进行 SEM 观察［如图 2-13(b) 所示］，发现 GNs 上无纳米颗粒，且片层较平整。

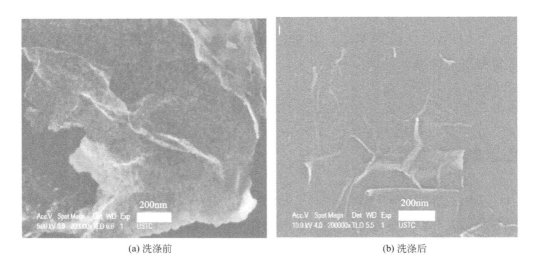

(a) 洗涤前　　　　　　　　　　　　　(b) 洗涤后

图 2-13　GNs-10 洗涤前后的 SEM 照片

2.2.4.2　晶格衍射和比表面积分析

为了进一步证实 GNs 上附着的纳米颗粒，对浓盐酸洗涤前样品进行 XRD 表征分析。如图 2-14 所示，位于 $2\theta=24.6°$ 处特征峰对应于石墨烯的（002）平面[22]。从图中可看出，特征峰位于 $2\theta=31.6°$、$34.4°$、$36.1°$、

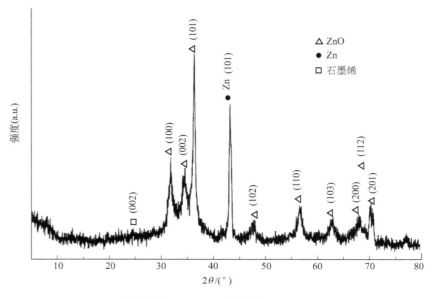

图 2-14　GNs-10 洗涤前 XRD 图

47.3°、56.3°、62.6°、66.0°、67.6°和68.2°处，分别对应于ZnO的（100）、（002）、（101）、（102）、（110）、（103）、（200）、（112）和（201）平面，表明这些纳米颗粒为还原反应过程中引入的ZnO结晶体[47-50]。因此，洗涤前所得样品可能为ZnO/GNs复合材料，鉴于本章重点讨论GNs的制备，实验表明通过盐酸处理后就能得到纯净的GNs。

图2-15为GNs-10、GNs-60及洗涤前GNs-10样品的氮气吸附、脱附和BET曲线图。由图2-15（a）可看出，所有样品均具有纳米孔结构，这是由

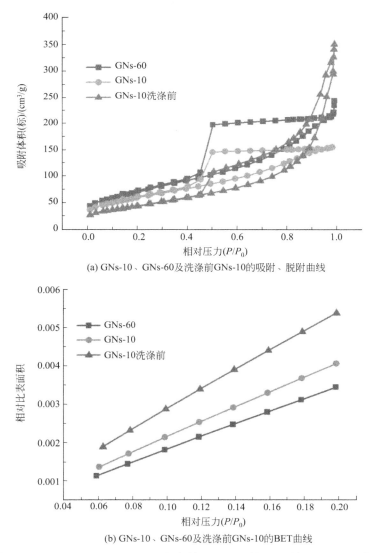

(a) GNs-10、GNs-60及洗涤前GNs-10的吸附、脱附曲线

(b) GNs-10、GNs-60及洗涤前GNs-10的BET曲线

图 2-15 GNs-10、GNs-60及洗涤前GNs-10的吸、脱附和BET曲线

剥离出的石墨烯片层之间堆积所形成众多的纳米孔道和纳米孔穴组成的[25]。由图 2-15(b) 的 BET 数据计算可知，GNs-10、GNs-60 及洗涤前 GNs-10 样品的比表面积分别为 $220m^2/g$、$262m^2/g$ 和 $168m^2/g$。这说明，洗涤前 GNs 上若附着大量的 ZnO 纳米颗粒，则其质量比石墨烯重且不利于剥离；化学还原时间对 GNs 的比表面积和剥离影响不明显，10min 就能达到很好的还原和剥离效果[51]。但所有样品的比表面积比完美单层石墨烯的理论值（$2630m^2/g$）低很多，这主要是由于 GO 的氧化程度不够充分，不可能完全剥离，其样品内部仍然含有一定量的石墨烯层堆积结构[52,53]。

2.2.4.3 透射电子显微镜（TEM）分析

采用 TEM 对锌粉/氨水还原得到的 GNs 的微观形貌进行表征，如图 2-16 所示。

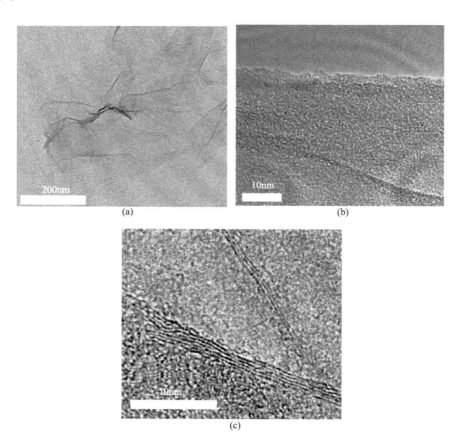

图 2-16　GNs-10 在不同分辨率下的 TEM 照片

图 2-16(a) 为 GNs-10 的低倍透射照片。可以看出，GNs-10 具有长径比较大、褶皱的透明纱状结构。这主要是由于石墨粉在氧化过程中 sp^3 杂化碳原子的引入导致平面状的 sp^2 碳层扰动。此外，这也是石墨烯片呈现出的自然形貌，为的是降低其较大的表面能从而保证其能稳定地存在，与文献报道相似[34,54]。在 TEM 照片中，不能精确地表征出 GNs 的厚度，但可从片层翘起的边缘和突起的褶皱的宽度，估测片层的厚度。在图 2-16(b) 中能清楚地看到单层石墨烯结构，片层的边缘清晰可见。Meyer 等[55]指出，GNs 在发生褶皱和边缘卷曲时，其折叠部位在 TEM 图片中表现为一条衬度较大的暗线，如图 2-16(c) 所示。从图中可以估测该 GNs 由单层、双层、四层等片层组成，这表明 GO 在锌粉/氨水体系的还原过程中未发生明显的团聚。

从总体上看，石墨烯的尺寸约在几百纳米至几微米之间，透明性较高，参照已有的文献报道，估计层数在 10 层以下。这些特征与已有的文献报道相似[56,57]。

2.2.4.4　原子力显微镜（AFM）分析

为更为精确地表征锌粉/氨水体系还原所得 GNs 的片层微观形貌，将 GNs-10 置于乙二醇中超声分散，取上层悬浮液涂在清洗后的玻璃载玻片上，用 AFM 观察样品表面形貌，以避免 GNs 片层重叠，以期观测到单个石墨烯纳米片层的形貌，如图 2-17 所示。

考虑到石墨烯本征褶皱、表面少量官能团存在及基底的高度，图中石墨烯片厚度约为 1nm，这个数值在 GNs 纳米层的理论值（0～1.1nm）范围之内，说明 GO 在锌粉/氨水体系中被还原并剥离成单层纳米片[33]。从 AFM 平面和立体图中可明显地看出，已剥离的 GNs 以单纳米片层形式存在，这也与文献报道的结果一致[58]。

2.2.4.5　拉曼光谱（Raman）分析

拉曼光谱是一种快速表征碳质材料的手段，而且也不会对样品造成破坏。图 2-18 给出了石墨原料、GO、GNs-10 和 GNs-60 等样品的拉曼光谱。从图中可看出，石墨粉原料在 $1580cm^{-1}$ 处有一个强的散射峰，此为石墨的 G 峰，同时还有 $1348cm^{-1}$ 处的 D 峰，经氧化、还原后的产物均含有石墨的特征峰 D 峰和 G 峰，表明它们仍然保留了部分石墨的长程有序的 sp^2 结

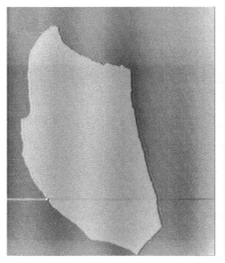
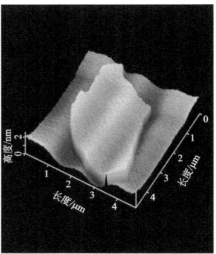
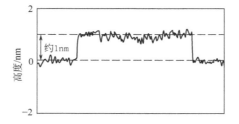

图 2-17 GNs-10 的 AFM 图

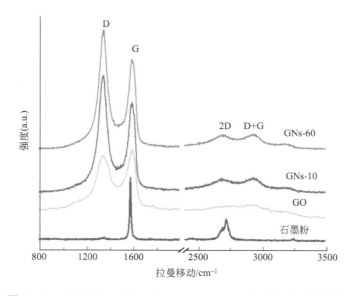

图 2-18 石墨粉、GO、GNs-10、GNs-60 样品的拉曼光谱图

构[59]。它们的 D 峰、G 峰、2D 峰及 D+G 峰的位置及相对强度分别列在表 2-2 中。

▷ 表 2-2 石墨粉、GO、GNs-10 和 GNs-60 拉曼光谱
图中 D 峰、G 峰、2D 峰、D+G 峰位置及相对强度

样品	ω_D/cm^{-1}	ω_G/cm^{-1}	ω_{2D}/cm^{-1}	ω_{D+G}/cm^{-1}	I_D/I_G
石墨粉	1348	1580	2690/2722	—	0.083
GO	1348	1594	2684	2936	0.925
GNs-10	1353	1590	2683	2940	1.29
GNs-60	1354	1589	2684	2940	1.292

与 GO 相比，还原后的 GNs-10 和 GNs-60 的 D 峰变窄，这说明 GNs 的结构缺陷主要是边缘结构缺陷[30,31]。石墨粉经过氧化后，GO 的 D 峰、G 峰值比率（I_D/I_G，0.925）有很大的提高；经锌粉/氨水体系还原之后，I_D/I_G 值进一步提高（GNs-10：1.29，GNs-60：1.292）。这表明在氧化和还原的过程中，当石墨向纳米石墨微晶转变时，石墨结晶度逐渐从有序向无序发展，sp^2 区域增加且其平均尺寸开始下降。

2D 峰是 D 峰的二阶峰，不需要结构缺陷来活化。石墨粉原料和 GNs 拉曼光谱的明显差异是 2D 带。从图中可看出，石墨的 2D 峰为一对肩峰（2690cm^{-1}，2722cm^{-1}），GO 的 2D 峰不明显，而 GNs 的 2D 峰对称，变宽且蓝移。此外，还可看出 GNs 曲线中位于 2940cm^{-1} 附近的 D+G 峰的强度明显大于 GO。这表明 GO 实现了较好的还原，与文献报道相似[34,35]。从上述分析也可知，GNs-10 和 GNs-60 的拉曼光谱图无明显区别，说明 GO 在锌粉/氨水体系中，10min 的处理时间就能达到很好的还原效果。

2.2.4.6 X 射线衍射（XRD）分析

利用 X 射线衍射分析仪考察了石墨粉经氧化后再还原得到 GNs 的结构转变，如图 2-19 所示。

由图可看出，石墨粉经强氧化后在 $2\theta=26°$ 附近对应于（002）平面的石墨峰消失，说明石墨已经得到了充分的氧化，在石墨层间插入了很多亲水性含氧官能团如羧基、羟基、环氧基等。GO 的特征衍射峰位于 $2\theta=11.98°$ 左右，对应于（001）晶面，其层间距为 0.74nm，这是因为 GO 片层间距相

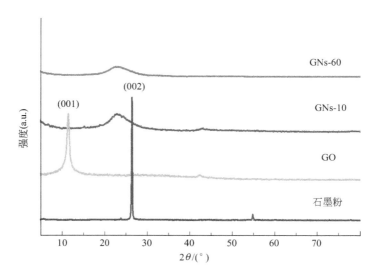

图 2-19 石墨粉、GO、GNs-10 和 GNs-10 的 XRD 图

比石墨粉变大[60]。GO 经锌粉/氨水体系还原后，(001) 衍射峰完全消失不见，同时，在 GNs-10 和 GNs-60 的 XRD 图中 (002) 晶面的衍射峰形状由尖锐变为漫散 (GNs-10：$2\theta = 23.36°$，层间距为 0.380nm；GNs-60：$2\theta = 23.48°$，层间距为 0.378)。这表明在锌粉/氨水处理过程中 GO 层间的大部分含氧官能团除去，使得石墨片层剥离，同时可以看出，该值仍然大于原始石墨的层间距 0.34nm，说明所得到的 GNs 表面及堆积层间仍然含有少量官能团[61]。还可看出，锌粉/氨水处理时间的延长对 GO 的还原作用不明显。

2.2.4.7 TGA 分析

采用 TGA 表征 GO 还原前后的热稳定性变化，如图 2-20 所示。

GO 的热分解分三步：100℃ 以下时，GOs 表面的水分和部分未剥落的 GO 层间水分蒸发；250~350℃ 时，其含氧官能团开始分解，产生 CO、CO_2 和 H_2O，GO 在 200℃ 左右的失重率达到 18.5%；350℃ 以上时，GO 碳骨架逐渐分解，600℃ 时即达到最大热失重 53%[22,23]。从图 2-20 中可看出，GO 经锌粉/氨水体系还原后，与 GO 相比，GNs-10 和 GNs-60 在 200℃ 附近的失重率显著减小，分别为 4.4% 和 0.98%；在 600℃ 左右的失重率分别约为 18.6% 和 12.4%。但相比而言，GNs-60 比 GNs-10 的失重率更小，表明 GO 在锌粉/氨水体系中随还原时间的延长脱去了更多的含氧官能团。

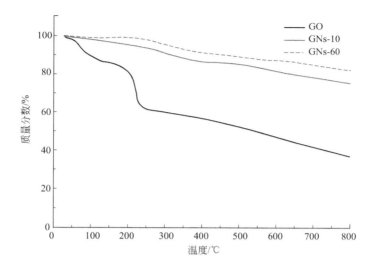

图 2-20　GO、GNs-10 和 GNs-60 的 TGA 曲线

与 GO 及在 200℃由溶剂热还原法制备的 GNs 相比[24]，本节所制备的 GNs 热稳定性更高，说明 GO 在锌粉/氨水处理过程中的还原程度也较高[34]。

2.2.4.8　傅里叶变换红外光谱（FTIR）分析

图 2-21 为 GO、GNs-10 和 GNs-60 的红外光谱图。

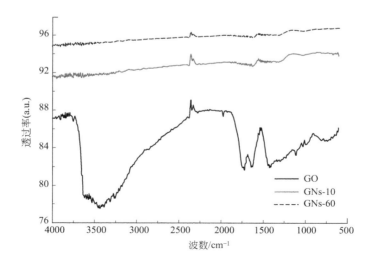

图 2-21　GO、GNs-10 和 GNs-60 的 FTIR 谱图

对于 GO 的谱图，可看出位于 3430cm^{-1} 处的吸收峰对应于 GO 中—OH 的伸缩振动，而 3000~3700cm^{-1} 范围内出现的较宽的峰和位于 1626cm^{-1} 处较窄的吸收峰来自于样品所吸附的水分子。位于 1739cm^{-1}、1624cm^{-1}、1226cm^{-1}、1052cm^{-1} 处的吸收峰分别对应样品层间 C═O、O—H 和 C—OH、C═C、C—O—C 的伸缩振动[39]。相比于 GO，经锌粉/氨水体系室温还原后所得到的 GNs 中含氧官能团所对应的吸收峰明显减弱，有些吸附峰几乎消失，说明 GNs 的大部分官能团发生了分解[37,61]。据此可以认为 GO 在锌粉/氨水处理过程中得到了明显的化学还原。GNs-10 和 GNs-60 还原程度相当，说明仅 10min 就能有效还原 GO，与拉曼光谱、TGA 和 XRD 的分析结果一致。在 1560cm^{-1} 处的吸收峰则归属于 GNs 片层的骨架振动。

2.2.4.9 X 射线光电子能谱（XPS）分析

采用 XPS 进一步探讨 GO 在锌粉/氨水体系中的化学还原程度及含氧官能团变化情况。图 2-22 为 GO、GNs-10 和 GNs-60 的 XPS 全谱图。

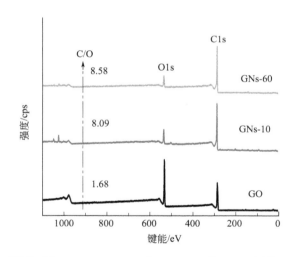

图 2-22 GO、GNs-10 和 GNs-60 的 XPS 全谱图

从图 2-22 中可看出三种样品主要含有 C、O 两种元素。GO 的 C/O 原子比值为 1.68，GO 在锌粉/氨水体系中处理 10min 和 60min 后，C/O 原子比值分别增加到 8.09 和 8.58，这说明 GO 经历了大范围的脱氧，实现了明显的还原。GNs 样品的还原程度高于采用还原剂 NaBH$_4$[62]、抗坏血酸[61]及

铁粉[23]等制备的石墨烯，其相关对比参数列于表 2-3 中。GO 的 C1s XPS Lorentz 拟合谱图见书后彩图 1(a)。从图中可以清楚地看出 GO 中碳原子不同状态的结合能：284.6eV 对应 sp^2 杂化中的 C—C/C═C 结合能；sp^3 杂化中 C—OH 的结合能对应 285.6eV；C（环氧树脂/烷氧基）结合能对应 286.7eV 以及 288.0eV 左右的 C═O 结合能[25,63]。

表 2-3　不同化学方法制备石墨烯的参数对比

还原方法	还原时间	温度/℃	C/O 原子比	电导率/(S/m)	参考文献
GO/碳酸丙烯酯	12h	200	6.8	1800	[15]
GO/NaBH₄	48h	室温	5.3	45	[52]
GO/维生素 C	48h	室温	—	800	[51]
GO/Fe	6h	室温	7.9	2300	[13]
GO/Zn 碱性环境	10min	室温	8.05	2160	本书

GO 经锌粉/氨水体系处理后，虽然这些含氧官能团仍然存在，但峰强度均明明减小［见书后彩图 1(b)、(c)］，表明其表面的含氧官能团大部分被脱除，并由 sp^3 向 sp^2 杂化转变[64]。在 XPS 的谱图（b）、(c) 中，也可以发现 GNs 中含氧官能团特别是环氧基的信号强度明显下降，同时 C—C/C═C 的峰强度和面积明显增强，表明 GO 在锌粉/氨水处理过程中不仅发生了含氧官能团的脱除，还伴随着部分碳原子 sp^2 结构的恢复，与上述 XRD、拉曼光谱、FTIR 等分析结果相吻合。

2.2.4.10　电化学分析

为了探索 GO 经锌粉/氨水还原所得 GNs 的应用性能，采用循环伏安法和恒流充放电测试样品的超级电容性能，如图 2-23 所示。

图 2-23(a) 为 GNs-10 在不同扫描速率下的伏安（CV）曲线。从图可知，所有的 CV 曲线形状规则且相似，表明 GNs 遵循双电层理论，在电极表面呈现较好的电容行为[65,66]。从书后彩图 2 中的充放电曲线可看出，此样品呈现对称的三角形形状，表明其在充放电过程中具有可逆性。由图 2-23(b) 可知，GNs-10 的交流阻抗曲线主要由两部分组成：半圆区代表的反应阻抗部分以及斜线区代表的扩散阻抗部分。图 2-23(b) 中给出了模拟计算得出的等效电路图，其相应的结果列于表 2-4 中。GO 经锌粉/氨水还原

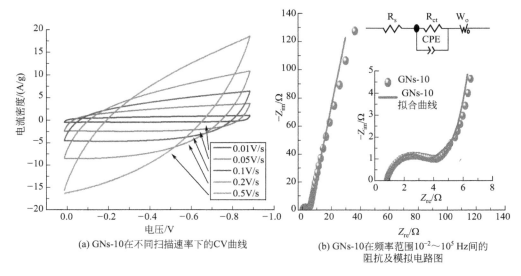

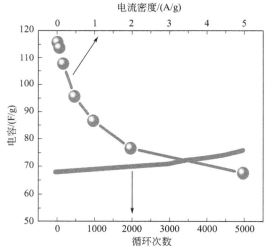

图 2-23 GNs-10 的电化学性能表征

10min 后，其电阻很低，仅为 2.114Ω。CPE-T 数值进一步证明了 GNs-10 具有优异的双电层电容。W_o-P 和 W_o-T 为扩散电阻和扩散时间。W_o-P 值接近 0.5，表明为有限长度扩散[67,68]。由充、放电曲线计算得知，当电流密度为 0.05A/g 时，GNs-10 的比电容达 116F/g；当电流密度增加到 0.2A/g 时，其比电容仍高达 108A/g。GNs-10 的比电容值显著高于采用乙醇在 100℃湿法还原的 GNs（35F/g）[52]，其值与 850℃蒸汽活化制备的酚醛树脂多孔炭接近（119F/g）[69]。图 2-23（c）给出了 GNs-10 在电流密度为 5A/g 时循环得到的比电容曲线。有趣的是，GNs-10 在循环 5000 次后，其比电容不降低，反而增加到 112%。这种现象可能是由于样品中仍存在少量含氧官能团[70,71]及在反复充放电过程中其片层被进一步剥离所致。据此可推断，此法所制备的 GNs 具有较高的比电容，有望用于超级电容器等器件中。

表 2-4 等效电路图拟合结果

R_s/Ω	R_{ct}/Ω	CPE[①]-T/F	CPE-P	W_o[②]-R/Ω	W_o-T/s	W_o-P
0.67413	2.114	0.00092124	0.93671	7.727	0.55795	0.43696

① 常相位元件（CPE）通过 CPE-T 和 CPE-P 两个值定义。
② W_o 是瓦伯格扩散电阻，和 R、T、P 相关。

2.2.5 还原机理

为了对比，将 GO 溶解于锌粉/盐酸体系中，结果发现处理 12h 后，GO 仍为棕黄色，没有还原反应发生。由此可知，氨水能促进 GO 的脱氧还原，且反应过程中无气泡放出，操作更安全，适合批量制备 GNs。根据上述所有分析测试结果，提出了 GO 在锌粉/氨水体系中化学还原的机理。此机理与锌-锰原电池类似[72]，故命名为锌-氧化石墨烯（Zn-GO）原电池机理。在 Zn-GO 原电池中，Zn 作阳极，GO 作阴极，氨水溶于水中作电解质溶液，组成一个电化学系统。Zn 颗粒上的电子被释放[式(2-1)]，形成活泼的 H·[式(2-2)]和[$Zn(NH_3)_4$]$^{2+}$[式(2-3)]，这使得 Zn 颗粒不断地溶解而使反应进行。在数秒内，由于 H· 的存在，GO 被还原成石墨烯。

$$Zn - 2e^- = Zn^{2+} \quad (2-1)$$

$$NH_4^+ + e^- = NH_3 + H· \quad (2-2)$$

$$Zn^{2+} + 4NH_3 = [Zn(NH_3)_4]^{2+} \quad (2-3)$$

$$GO + 2H· = G + H_2O \quad (2-4)$$

在本章中，我们利用锌粉/氨水为还原体系，实现了对 GO 的化学还原。利用 XRD、FTIR、拉曼光谱、XPS、TEM、SEM、AFM 等手段对 GO 还原前后的样品进行了分析。根据实验结果，可知经锌粉/氨水处理后，GO 上的大量含氧官能团尤其是环氧基功能团被脱除，实现了有效的还原，制备出高质量的 GNs。通过电化学分析测试表明，GNs 具有较高的电导率和循环使用寿命。据此提出了 Zn-GO 原电池还原机理。此法是一种快速、环保、简单易行且可实现批量制备 GNs 的新型有效方法。

2.3　L-半胱氨酸还原制备石墨烯薄膜

2.3.1　氧化石墨的制备

采用 Hummers 法制备氧化石墨。在冰浴中，将 10g 石墨粉（质量分数＞98%）和 5g 硝酸钠与 230mL 的浓硫酸混合均匀，在搅拌中缓慢加入 30g 高锰酸钾。然后将其转移至 35℃水浴中反应 30min，再逐步加入 460mL 去离子水。当温度升至 98℃后继续反应 40min，混合物由棕褐色变成亮黄色，进一步加水稀释，并用质量分数为 30% 的 H_2O_2 溶液处理，以除去未反应的高锰酸钾，再离心、过滤并反复洗涤滤饼，最后将其进行真空干燥即得到氧化石墨。

2.3.2　氧化石墨烯悬浮液的制备

将氧化石墨研碎，在水中配制 1mg/mL 悬浮液 100mL，超声处理 30min 后，将悬浮液离心处理，以除去其中少量杂质，最后得到均质稳定的氧化石墨烯胶状悬浮液。

2.3.3　还原石墨烯及其薄膜的制备

将 0.3g L-半胱氨酸加入 50mL 1mg/mL 的 GO 悬浮液中，超声 10min，以使 L-半胱氨酸溶解并均匀分散，然后将此混合溶液转移至回流装置中于 95℃反应 10h。反应结束后过滤，用去离子水洗涤滤饼数次，然后将固体产物转移到乙醇溶液中超声分散,即可得到稳定的 RGO 乙醇溶液。采用微孔滤膜(醋酸纤维酯,规格为 D50mm,孔径为 0.22μm)真空抽滤 40mL RGO 乙醇溶液制得 RGO 薄膜,然后置于 40℃真空烘箱中干燥 24h。采用四探针电阻测试仪测定上述薄膜的电导率,测 3 次,取平均值。

2.3.4 性能研究与分析

2.3.4.1 傅里叶变换红外光谱(FTIR)分析

利用傅里叶变换红外光谱仪(FTIR)对 GO 及 RGO 的表面官能团信息进行测试分析,图 2-24 为 GO 和 RGO 粉末的 FTIR 谱图。GO 在 3400cm^{-1} 处的强宽峰是 O—H 的特征摆动频率,表明 GO 中存在大量的羟基;1740cm^{-1} 处的吸收峰为 C=O 的伸缩振动峰。1620cm^{-1} 处吸收峰为层间吸附水的振动及未氧化的石墨芳香区的骨架振动的双重贡献;C—OH 的拉伸峰在 1220cm^{-1} 处,C—O 键伸缩峰在 1050cm^{-1} 处,这两种 C—O 键因所处的化学环境不同,因而导致其吸收频率各异。经 L-半胱氨酸还原后所得 RGO 上的含氧官能团如 C=O(3440cm^{-1}、1740cm^{-1}、1630cm^{-1})和 C—O—C(1230cm^{-1}、1060cm^{-1})等的强度明显减弱,证明 GO 得到较充分的还原。

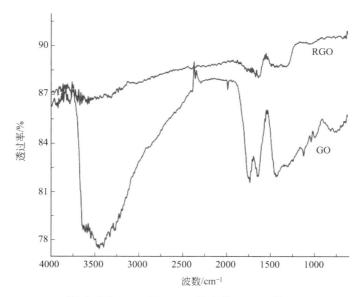

图 2-24 GO 和 RGO 粉末的 FTIR 谱图

2.3.4.2　X射线衍射（XRD）分析

XRD是表征石墨烯微观结构一种常用的方法。图2-25为GO及经L-半胱氨酸还原所得RGO粉末的XRD衍射图。

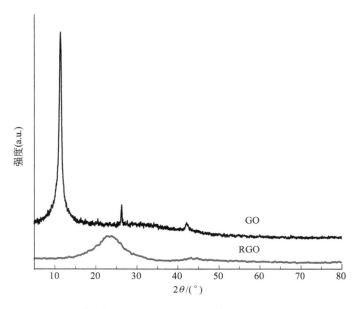

图2-25　GO和RGO的XRD图

众所周知，石墨的特征衍射峰位于$2\theta=26.7°$处左右，其对应的层间距约为0.334nm。由图可知GO在衍射角$2\theta=10.767°$（d_{002}晶面）处有较高的峰值。根据布拉格方程可知GO的层间距$d=0.832$nm，该值明显高于石墨的层间距，这是因为经强氧化后石墨片层间（石墨层间距$d=0.334$nm）引入羟基、羧基以及环氧基等大量的含氧官能团使体积膨胀。从经L-半胱氨酸还原后的RGO粉末的XRD衍射曲线上可以看出，位于$2\theta=10.767°$处的特征衍射峰消失，并在$2\theta=24.5°$处出现一较小的宽峰，表明GO上大部分含氧官能团被除去，且剥离成石墨烯，与文献报道相一致。

2.3.4.3　拉曼光谱（Raman）分析

拉曼光谱是一种快速表征、分析碳基结构材料的有效方法，该法主要是通过对比G峰和D峰的强度来表征石墨烯的微观结构和电子性能，包括无序和缺陷的结构、缺陷密度及掺杂度等。图 2-26 给出了石墨粉原料、GO 和 RGO 等样品的拉曼谱图。

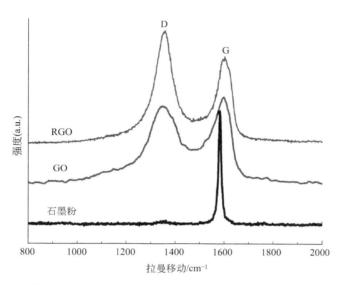

图 2-26 石墨粉、GO 和 RGO 样品的拉曼光谱图

从图 2-26 的石墨粉拉曼谱图中可以看出，在天然鳞片石墨粉原料中存在两个典型特征峰：D 峰和 G 峰。在 1580cm^{-1} 处有一个强的散射峰，此为石墨的 G 峰，G 峰是单声子的拉曼散射过程导致的 Lo 声子峰。同时在 1348cm^{-1} 处出极微弱的 D 峰，D 峰是由石墨的表面无序引起的。经氧化后和还原后的产物均含有石墨的特征峰 D 峰和 G 峰，表明样品中仍然保留了部分石墨的 sp^2 结构。与天然鳞片石墨粉相比，GO 谱图除了出现变宽的 G 峰外，还出现了 D 峰。与天然鳞片石墨的特征峰相比，GO 的特征峰变宽并出现明显位移。这可能是由于经剧烈氧化过程后，石墨烯表面由于引入大量含氧官能团致使石墨烯平面内部分 sp^2 区域转变为 sp^3 区域。当 GO 被 L-半胱氨酸还原后，RGO 拉曼图谱中 D 峰发生明显变化。G 峰向右位移，同时 D 峰增强，这表明 GO 表面大量含氧官能团在化学还原过程中被移除。G 峰强度（I_G）和 D 峰强度（I_D）之比可以表示石墨的结构规整化程度，I_D/I_G 值越低，规整度越高。图中 RGO 的 I_D/I_G 值为 1.302，明显高于 GO 值 0.917。I_D/I_G 值与石墨微晶平均尺寸成反比，由此可推断 GO 经强氧化和超声后规整度受到一定破坏，同时经化学还原后其石墨微晶平均尺寸（即平

面 sp^2 碳区平均尺寸）有所减小，但石墨微晶数量增多，这表明 GO 实现了较好的还原，与文献报道相似。

2.3.4.4 原子力显微镜（AFM）分析

AFM 是用来测试石墨烯片平均厚度和大小的有效方法。图 2-27 分别为 GO、RGO 在乙醇中分散后涂覆于硅片上测得的 AFM 照片。

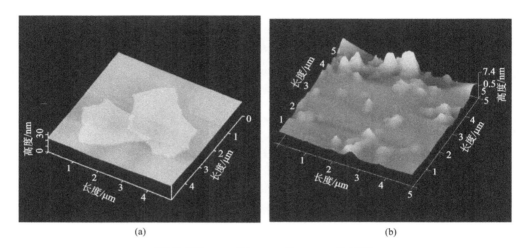

图 2-27 GO 和 RGO 的 AFM 分析图

从图 2-27(a) 可以清晰地观察到光滑而平整的单层氧化石墨烯片。从图片可以看出氧化石墨烯片层较厚，这是由于其表面含有丰富的含氧官能团突起。从图 2-27(b) 可以推测石墨烯片层的平均厚度为 0.8～1.2nm。这是由于还原后的石墨烯表面存在一些残留含氧官能团，使得石墨烯厚度有所增加。据报道，由化学法制备的石墨烯片层厚度在 1nm 左右，为单层石墨烯片。由此可以推断，GO 经 L-半胱氨酸化学还原后所得 RGO 由单层石墨烯片和少层石墨烯片组成。

2.3.4.5 热重（TG）分析

从 FTIR 和 XPS 图谱分析可知，在 L-半胱氨酸还原 GO 制备还原石墨烯的过程中其表面大量的含氧官能团被脱除，因而导致其热稳定性发生明显变化。通过热重分析也可以间接分析含氧官能团在还原前后的含量变化。如

图 2-28 所示，为 GO 及 RGO 的 TG 曲线图。在 GO 的 TG 曲线中可以看出，GO 样品在 80℃开始失重，此时可能是样品中自由水的脱除。在约 230℃时，其明显重量损失为 GO 中不稳定的含氧基团分解，并释放出 CO、CO_2、H_2O 等小分子。同时，经 L-半胱氨酸还原后的 RGO 在 230℃时失重没有明显变化。与 GO 相比，RGO 含氧官能团明显减少，表明还原后的氧化石墨上大部分含氧基团已被脱除。由此，结合其他分析可以认为 L-半胱氨酸对 GO 可实现有效的化学还原。

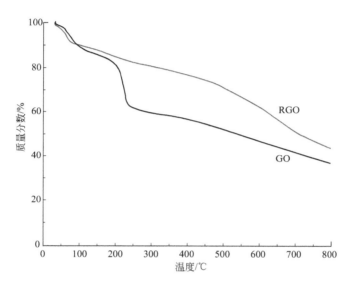

图 2-28 GO 和 RGO 的 TG 曲线图

2.3.4.6 透射电子显微镜（TEM）分析

利用 TEM 对 RGO 的微观结构进行了表征。图 2-29 为还原石墨烯的透射电子显微镜不同分辨率图。

图 2-29(a) 呈现典型的石墨烯形貌，即蚕丝状的 RGO 单片在边界处重叠成褶皱状。这可能是由于石墨烯层间及边界的大量含氧官能团在还原过程中被脱除，为了保证热力学稳定而自发卷曲堆垛成少层石墨烯纳米片，使得 RGO 表面出现了本征起伏所致的褶皱。这些皱褶可以形成众多的纳米孔道和纳米孔穴，从而使得还原石墨烯具有较大的比表面积。由图 2-29(b) 中 RGO 的晶格条纹可知，样品的层数少于 7 层，且大部分为单层，与 XRD、

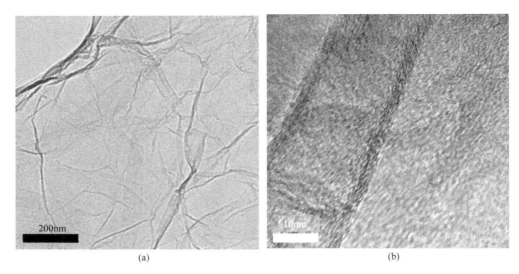

图 2-29 RGO 高分辨透射电子显微镜图

AFM 等分析结果一致。这可与快速热剥离法所制备的还原石墨烯相媲美。

2.3.4.7 宏观薄膜分析

图 2-30 分别为 GO、RGO 溶液照片及真空抽滤 RGO 乙醇悬浮液所得薄膜。

(a) GO、RGO 溶液

(b) 真空抽滤 RGO 乙醇悬浮液所得薄膜的外观照片

图 2-30 GO、RGO 溶液及由真空抽滤 RGO 乙醇悬浮液所得薄膜的外观照片

由图 2-30(a) 可以看出，还原氧化石墨烯可在乙醇溶剂中稳定分散（数周）而不沉淀，其主要原因可能是还原程度尚不够完全，还保留部分基团以及石墨烯片间的静电相互作用而导致其可在乙醇中稳定分散。图 2-30(b) 为真空抽滤 RGO 乙醇悬浮液导电薄膜，由四探针法测出电导率为 500S/m。这可能是由于 L-半胱氨酸中分解出的氨基使得氧化石墨烯中 C—O—C、—COOH、—OH 等基团发生了一定程度的脱氧还原反应而使导电性能得到提高。

2.3.4.8 反应机理

根据以上所有的表征分析，可大致推导出 L-半胱氨酸还原 GO 的机理，如图 2-31 所示。

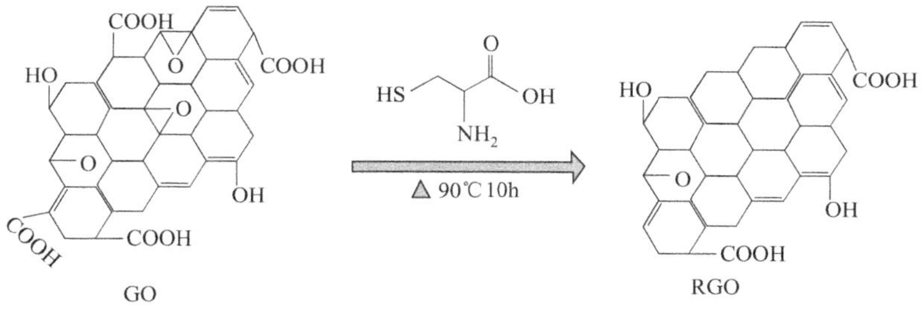

图 2-31 L-半胱氨酸还原 GO 过程示意

据目前有关文献报道，含有氨基的化合物如水合肼、硫脲、乙二胺等均能有效地还原 GO 制备还原石墨烯。L-半胱氨酸分子结构中同时含有一个氨基和一个氢硫基，它们都能起到还原作用。氨基与位于 GO 表面的 C—O—C 发生开环-脱去反应，与 GO 边缘的—COOH 接枝反应再脱除，还可以与 GO 表面形成氢键再脱除。氢硫基上的 S^{2-} 原子容易夺取 GO 表面的氧原子，形成硫酸根离子，从而起到一定的还原作用。

L-半胱氨酸作为环境友好型的还原剂，能有效还原氧化石墨烯水溶胶，通过 FTIR、XRD、拉曼光谱、SEM、AFM 和 TG 等分析表明氧化石墨烯的主要含氧基团已被脱除，所得 RGO 具有石墨烯结构和优良的热稳定性。还原氧化石墨烯在乙醇中有较好的分散性且通过真空辅助自组装制备的还原氧化石墨烯薄膜的电导率为 500S/m，通过这种绿色还原法制备的还原氧化石墨烯薄膜有望批量制备并广泛应用于电子、光电、电容器和传感器等器件中。

2.4 水合肼还原及聚乙烯醇增强氧化石墨烯薄膜

2.4.1 复合薄膜的制备

氧化石墨的制备方法与 2.1.1 部分方法相同。在水中超声分散氧化石墨制备 GO 悬浮液，GO 悬浮液的制备方法与 2.1.2 部分方法相同。制备氧化石墨烯-聚乙烯醇（GO-PVA）及还原氧化石墨烯-聚乙烯醇（RGO-PVA）复合薄膜过程如下所述。

2.4.1.1 GO-PVA 复合薄膜

首先，称取一定量的 PVA 粉末加入温度为 90℃ 的 50mL 去离子水中溶解，当不同质量的 PVA 粉末全部溶解后降至室温。将 50mL GO 悬浮液逐步加入 PVA 溶液中，室温下超声分散 10min，再磁力搅拌 30min，得到均相 GO-PVA 复合水溶胶。将稳定的 GO-PVA 复合水溶胶倒入 100mL 的烧杯中，然后置于温度为 393K 的电热套中加热一段时间（约 10min）后，可在气-液界面组装形成特定厚度的光滑且透明的薄膜。然后，将薄膜下方溶胶倒入另一容器中，此时气-液界面上的透明薄膜悬挂于容器壁上［见图 2-32(a)］。将该容器置于温度为 353K 的烘箱中真空干燥 8h，再将薄膜从器皿壁上揭下即得到 GO-PVA 复合薄膜。

2.4.1.2 RGO-PVA 复合薄膜

与 GO-PVA 纳米复合薄膜相比，通过加入一定量的水合肼还原 GO 制备 RGO-PVA 复合薄膜，具体制备方法如下：首先，按前文方法制备均相 GO-PVA 复合水溶胶。然后，在 GO-PVA 悬浮液中加入一定量的水合肼以还原 GO，同时在 90℃ 的环境中磁力搅拌 24h，得到 RGO-PVA 悬浮液。最后，用相同方法处理上述悬浮液。在气-液界面上出现黑色发亮的纳米复合

薄膜悬挂于容器壁上［如图 2-32(c) 所示］。将该容器置于温度为 353K 的

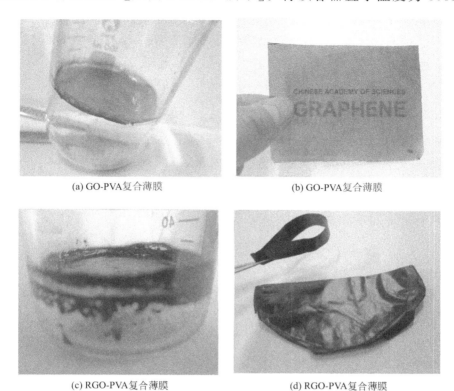

图 2-32　GO-PVA 复合薄膜和 RGO-PVA 复合薄膜的自组装过程图

烘箱中真空干燥 8h，然后将薄膜从器皿壁上揭下即得到 RGO-PVA 复合薄膜。

2.4.2　性能研究与分析

2.4.2.1　薄膜制备过程及其宏观图片

图 2-32 为 GO-PVA 复合薄膜[(a)、(b)] 和 RGO-PVA[(c)、(d)] 复合薄膜的自组装过程图。从图 2-32(a) 可以看出，GO-PVA 复合薄膜呈现亮色，其边缘黏附在烧杯壁上。表明聚合物 PVA 可起到一定的增强作用。通过观察图 2-32(b)，可以发现 GO-PVA 复合薄膜拥有较好的透光性。通

过水合肼还原后所制备的 RGO-PVA 复合薄膜如图 2-32(c) 所示。RGO-PVA 复合薄膜呈现黑色，其边缘黏附在烧杯壁上。证明 GO 已得到有效还原，通过对 RGO-PVA 复合薄膜剪切弯曲，证明 RGO-PVA 复合薄膜有一定的韧性。

2.4.2.2 X 射线衍射（XRD）分析

XRD 是表征石墨烯微观结构的一种常用方法。图 2-33 为 PVA、GO-PVA 复合薄膜和 RGO-PVA 复合薄膜的 XRD 图谱。

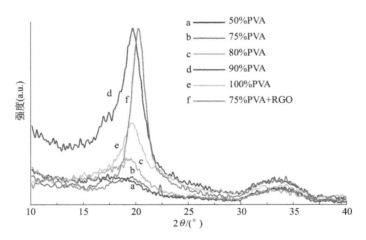

图 2-33 不同 PVA 含量的 GO-PVA 复合薄膜、纯 PVA 薄膜和 RGO-PVA 复合薄膜的 XRD 图谱

图 2-33 中曲线 e 为浇注 PVA 水溶液得到的纯 PVA 薄膜的 XRD 图谱。众所周知，PVA 是一个典型的半结晶聚合物，PVA 在 $2\theta = 19.4°$ 处存在很强的特征峰，与文献报道相符。如图 2-33 所示，在纳米复合薄膜中（图 2-33 中曲线 a～d），$11.4°$ 和 $40.4°$ 处的衍射峰消失且 $19.4°$ 处的特征峰变弱变宽，说明复合薄膜结晶度下降且 GO 层间距减小。与 GO-PVA 的图谱相比，RGO-PVA 薄膜的衍射峰（图 2-33 中曲线 f）变强且变窄，证明薄膜中的 GO 得到有效还原。

2.4.2.3 傅里叶变换红外光谱（FTIR）分析

利用傅里叶变换红外光谱仪对 GO-PVA 复合薄膜和 RGO-PVA 复合薄

膜的表面官能团信息进行测试分析，如图 2-34 所示。

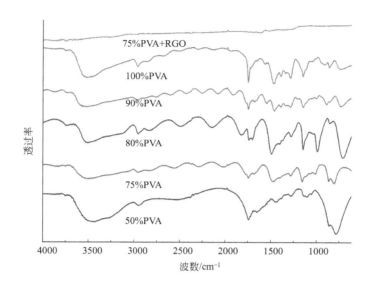

图 2-34　不同 PVA 含量的 GO-PVA 复合薄膜、纯 PVA 薄膜和 RGO-PVA 复合薄膜的 FTIR 图谱

从图 2-34 中可以看出，随着 GO 含量的增加，复合薄膜位于 3500cm^{-1} 处的特征峰位移到低波数。这些结果表明，复合薄膜中羟基之间的氢键可损害 PVA 的高分子链，降低其结晶度。与 GO-PVA 复合薄膜相比，RGO-PVA 复合薄膜中 GO 的特征峰明显消失，这表明，加入水合肼后复合薄膜中氧化石墨烯含氧官能团被成功移除。这些实验结果也可以通过 TGA 分析得到证实。

2.4.2.4　TGA 分析

通过 TGA 测试研究纯 PVA、GO-PVA 复合薄膜和 RGO-PVA 复合薄膜的热稳定性，如图 2-35 所示。

样品在约 70℃ 时开始失重，可能是由于吸附水和层间水的脱除所致。在约 200℃ 时，GO-PVA 复合薄膜质量损失超过 22%（质量分数），表明样品中官能团的分解放出热量并释放 CO、CO_2 和 H_2O 等小分子。与 GO-PVA 复合薄膜相比，RGO-PVA 薄膜的主要质量损失在 300℃ 左右，这主

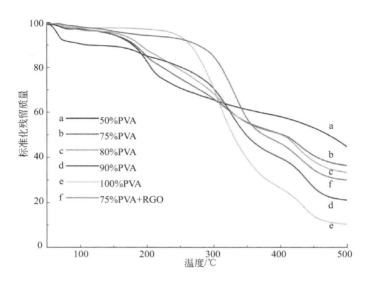

图 2-35　不同 PVA 含量的 GO-PVA 复合薄膜、纯 PVA 薄膜和 RGO-PVA 复合薄膜的 TGA 曲线

要是由于加入水合肼脱除了复合薄膜中不稳定的含氧官能团而增加了其热稳定性。众所周知，PVA 是半结晶聚合物，其机械强度主要取决于 PVA 的结晶度。与纯 PVA 薄膜相比，RGO-PVA 复合薄膜的热稳定性明显增强。TGA 结果通过 XRD 衍射分析得到佐证。

2.4.2.5　扫描电子显微镜（SEM）分析

通过气/液界面自组装法制备出 GO-PVA 和 RGO-PVA 复合薄膜，如图 2-36(a) 所示。先制备出均相 GO-PVA 悬浮液，悬浮液中亲水性的 PVA 高分子长链起到类似于水的作用，形成氢键网络结构可使之稳定地分散于 GO 水溶胶中，然后经水合肼进一步还原得到 RGO-PVA 复合薄膜，通过 SEM 观察、探讨所制复合薄膜的微观结构。如图 2-36(b) 所示，从 SEM 图可以看出纯 GO 薄膜拥有光滑的表面和整齐的层间结构，表明气/液界面自组装法能够使 GO 通过层间分子范德瓦尔斯作用力排列成膜。从 GO-PVA、RGO-PVA 复合薄膜的 SEM 图 [图 2-36(c)、(d)] 可知，GO-RGO 复合薄膜层间存在大量 PVA 分子链。这些长链分子在 GO 片层间起桥梁作用，可提高 GO-RGO 复合薄膜的机械强度。PVA 分子链上的羟基在 GO

片层间起类似水分子的作用，它们可以同时充当氢键的供体和受体。与 GO 薄膜相比，GO-PVA 复合薄膜的透光性增加明显。另外，RGO-PVA 复合薄膜的电导率为 0.6S/m，这种复合薄膜有望在抗静电材料中得到应用。

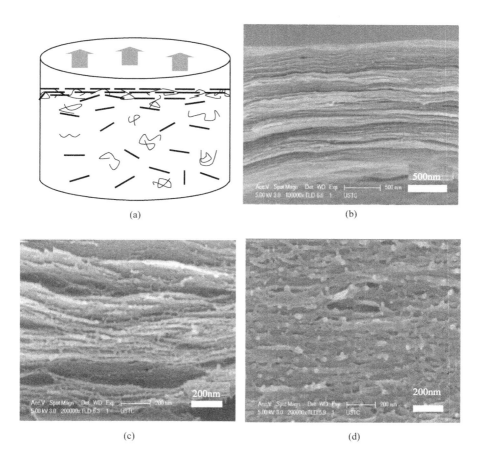

图 2-36　GO-PVA 和 RGO-PVA 复合薄膜气/液界面自组装过程及 GO、GO-PVA 和 RGO-PVA 的 SEM 图

2.4.2.6　透光性能分析

图 2-37 是厚度为 5μm 的 GO-PVA 复合薄膜（PVA 质量分数为 75%）在紫外-可见分光光度计下的透光性能测试所得的光学透射谱。该薄膜可阻挡全部紫外线透过，且随波长增加，薄膜的透过率急剧增加，且从可见光到

近红外区保持55%~85%的高透过率,远大于所制的纯GO薄膜。薄膜的这种特殊的光学性能可应用于紫外线屏蔽、光学开关等方面。

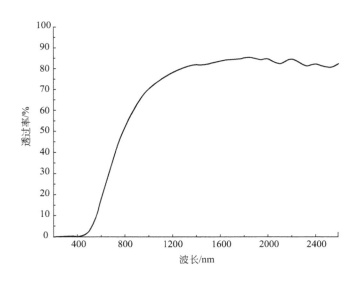

图2-37 GO-PVA复合薄膜(PVA质量分数为75%)的透光性能测试

2.4.2.7 反应机理

PVA是一种典型的半结晶聚合物,在GO-PVA复合薄膜中,氧化石墨烯片层间亲水性的PVA长链类似水分子的作用而促使层间形成氢键网络结构。由于共轭C—C与氢键单元连接,增强了其薄膜强度。另外,PVA长链上的侧链羟基通过氢键与氧化石墨烯表面的各种含氧官能团连接,形成杂化的氢键/共轭键网络,PVA分子链侧链羟基起类似水分子的作用,同时充当氢键的受体与供体。PVA分子链上的羟基与氧化石墨烯表面的含氧官能团形成网络桥梁,可使薄膜强度大大提高(图2-38)。与GO薄膜相比,GO-PVA复合薄膜的透光性增加明显。

通过气/液界面自组装法制备了GO-PVA和RGO-PVA无支撑复合薄膜,此法制备的复合薄膜厚度和面积可调控。GO-PVA复合薄膜具有优良的透光性,可见光到近红外区保持55%~85%的高透过率。RGO-PVA复合薄膜电导率为0.6S/m,未来,这类复合薄膜将有望在透光及抗静电方面得到应用。

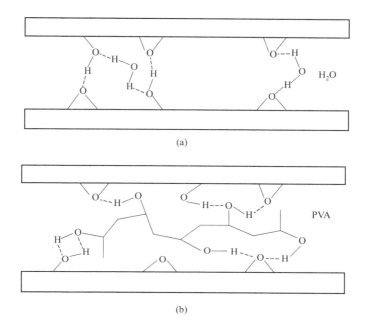

图 2-38　描绘 GO 片层间不同插层分子的分子氢键桥梁示意

2.5 石墨烯薄膜的应用

石墨烯可以各种晶体结构形式呈现，从高取向的热解石墨到气相沉积石墨烯，相应地其物化性能也不同。炭具有优良的传热和导电性能，其密度低，抗腐蚀能力强，热膨胀小，刚度大，纯度高，并且其物理形态也千变万化，能够以不同的结构和形态存在，如粉末、纤维、块状、薄板及多孔状等，而且容易制造，成本也不高。因此，石墨烯很早就被广泛用于各种电化学系统中，早期炭材料的开发与发展都和电化学系统的发展紧密相关。炭电极中所使用炭材料的原料有石油焦、炭黑、煤焦油和沥青等。石油焦是石墨电极的主要组分，而煤焦油和沥青为黏结剂，炭黑在电极中可作为结构组分、导体支撑物和电催化剂起重要作用。其他形式的炭也被广泛应用于电化学反应系统中，例如，由炭黑粒子和聚合物黏结剂组成的双电极分离器用于磷酸燃料电池中，玻璃炭电极用于电分析化学中，等等。其后，石墨烯在电化学系统中的应用也逐渐从传统的氯碱工业和铝电解工业转向更为精细的燃料电池、锂电池、电容等方面。

参考文献

[1] Park S., Ruoff R. S. Chemical methods for the production of graphenes [J]. Nat. Nanotechnol., 2009, 4 (4): 217-224.

[2] Xu Y. X., Shi G. Q. Assembly of chemically modified graphene: methods and applications [J]. J. Mater. Chem., 2011, 21 (10): 3311-3323.

[3] Gao W., Alemany L. B., Ci L. J., et al. New insights into the structure and reduction of graphite oxide [J]. Nat. Chem., 2009, 1 (5): 403-408.

[4] Ko J. H., Yeo S., Park J. H., et al. Graphene-based electrochromic systems: the case of Prussian Blue nanoparticles on transparent graphene film [J]. Chem. Comm., 2012, 48 (32): 3884-3886.

[5] Shen T., Wu W., Yu Q. K., et al. Quantum Hall effect on centimeter scale chemical vapor deposited graphene films [J]. Appl. Phys. Lett., 2011, 99 (23): 232110.

[6] Wang Y., Zheng Y., Xu X. F., et al. Electrochemical delamination of CVD-grown graphene film: Toward the recyclable use of copper catalyst [J]. ACS Nano, 2011, 5 (12): 9927-9933.

[7] Tiwari R. N., Ishihara M., Tiwari J. N., et al. Synthesis of graphene film from fullerene rods [J]. Chem. Commun., 2012, 48 (24): 3003-3005.

[8] Dikin D. A., Stallkovieh S., Zimney E. J., et al. Preparation and characterization of graphene oxide paper [J]. Nature, 2007, 448 (7152): 457-460.

[9] Park S. J., Lee K. Graphene oxide papers modified by divalentions-enhancing mechanical properties via chemical cross-linking [J]. ACS Nano, 2008, 2 (3): 572-578.

[10] Lee C. G., Wei X. D., Kysar J. W., et al. Measurement of the elastic properties and intrinsic strength of monolayer graphene [J]. Science, 2008, 321: 385-388.

[11] Geng J. X., Liu L. J., Yang S. B., et al. A simple approach for preparing transparent conductive graphene films using the controlled chemical reduction of exfoliated graphene oxide in an aqueous suspension [J]. J. Phys. Chem. C., 2010, 114 (34): 14433-14440.

[12] Muszynski R., Seger B., Kamat P. V. Decorating graphene sheets with gold nanoparticles [J]. J. Phys. Chem. C., 2008, 112 (14): 5263-5266.

[13] Wang G. X., Shen X. P., Wang B., et al. Synthesis and characterization of hydrophilic and organophilic graphene nanosheets [J]. Carbon, 2009, 47 (5): 1359-1364.

[14] Zhang J. L., Yang H. H., Shen G. X., et al. Reduction of graphene oxide via L-ascorbic acid [J]. 2010, 46 (7): 1112-1114.

[15] Zhu C. Z., Guo S. J., Fang Y. X., et al. Reducing sugar: new functional molecules for the green synthesis of graphene nanosheets [J]. ACS. Nano., 2010, 4 (4): 2429-2437.

[16] Fan Z. J., Wang K., Wei T., et al. An environmentally friendly and efficient route for the reduction of graphene oxide by aluminum powder [J]. Carbon, 2010, 48 (5): 1686-1689.

[17] Hummers W. S., Offeman R. E. Preparation of graphitic oxide [J]. J. Am. Chem. Soc., 1958, 80 (6): 1339.

[18] Kovtyukhova N. I., Ollivier P. J., Martin B. R., et al. Layer by layer assembly of ultra-thin composite films from micron sized graphite oxide sheets and poly cations [J]. Chem. Mater., 1999, 11 (3): 771.

[19] Dikin, D. A., Stankovich, S., Zimney, E. J., et al. Preparation and characterization of graphene oxide paper [J]. Nature, 2007, 448 (7152): 457-460.

[20] Li, D., Kaner, R. B. Materials science-graphene-based materials [J]. Science, 2008, 320 (5880): 1170-1171.

[21] Zhu, C. Z., Guo, S. J., Fang, Y. X., et al. Reducing sugar: new functional molecules for the green synthesis of graphene nanosheets [J]. ACS. Nano., 2010, 4 (4): 2429-2437.

[22] Fan, Z. J., Wang, K., Wei, T., et al. An environmentally friendly and efficient route for the reduction of graphene oxide by aluminum powder [J]. Carbon, 2010, 48 (5): 1686-1689.

[23] Fan, Z. J., Kai, W., Yan, J., et al. Facile synthesis of graphene nanosheets via Fe reduction of exfoliated graphite oxide [J]. ACS. Nano., 2011, 5 (1): 191-198.

[24] Dubin, S., Gilje, S., Wang, K., et al. A one-step, solvothermal reduction method for producing reduced graphene oxide dispersions in organic solvents [J]. ACS. Nano., 2010, 4 (7): 3845-3852.

[25] Zhu, Y. W., Stoller, M. D., Cai, W. W., et al. Exfoliation of graphite oxide in propylene carbonate and thermal reduction of the resulting graphene oxide platelets [J]. ACS. Nano., 2010, 4 (2): 1227-1233.

[26] Park, J. S., Reina, A., Saito, R., et al. G′ band raman spectra of single, double and triple layer graphene [J]. Carbon, 2009, 47 (5): 1303-1310.

[27] Sood, A. K., Gupta, R., Asher, S. A. Origin of the unusual dependence of Raman D band on exitation wavelength in graphit-like materials [J]. J. Appli. Phys., 2001, 90 (9): 4494-4497.

[28] Compton, O. C., Dikin, D. A., Putz, K. W., et al. Electrically conductive "alkylated"

[29] Ramesh, P., Bhagyalakshmi, S., Sampath, S., et al. Preparation and physicochemical and electrochemical characterization of exfoliated graphite oxide [J]. J. Colloid. Interface. Sci., 2004, 274 (1): 95-102.

[30] Zhang, H. B., Wang, J. W., Yan, Q., et al. Vacuum-assisted synthesis of graphene from thermal exfoliation and reduction of graphite oxide [J]. J. Mater. Chem., 2011, 21 (14): 5392-5397.

[31] Viet, H. P., Tran, V. C., Hur, S. H., et al. Chemical functionalization of graphene sheets by solvothermal reduction of a graphene oxide suspension in N-methyl-2-pyrrolione [J]. J. Mater. Chem., 2011, 21 (10): 3371-3377.

[32] Wang, G. X., Yang, J., Park, J., et al. Facile synthesis and characterization of graphene nanosheets [J]. J. Phys. Chem. C., 2008, 112 (22): 8192-8195.

[33] Stankovieh, S., Dikin, D. A., Piner, R. D., et al. Synthesis of graphene-based nanosheets via chemical reduction of exfoliated graphite oxide [J]. Carbon, 2007, 45 (7): 1558-1565.

[34] Moon, I. K., Lee, J., Ruoff, R., et al. Reduced graphene oxide by chemical graphitization [J]. Nat. commun., 2010, 1 (1): 1-6.

[35] Wu, Z. S., Ren, W., Gao, L., et al. Synthesis of graphene sheets with high electrical conductivity and good thermal stability by hydrogen arc discharge exfoliation [J]. ACS. Nano., 2009, 3 (2): 411-417.

[36] Chen, W. F., Yan, L. F. Preparation of graphene by a low-temperature thermal reduction at atmosphere pressure [J]. Nanoscale., 2010, 2 (4): 559-563.

[37] Chen, W. F., Yan, L. F., Bangal, P. R. Chemical reduction of graphene oxide to graphene by sulfur-containing compounds [J]. J. Phys. Chem. C., 2010, 114 (47): 19885-19890.

[38] Schniepp, H. C., Li, J. L., Mcallister, M. J., et al. Functionalized single graphene Sheets derived from splitting graphite oxide [J]. J. Phys. Chem. B., 2006, 110 (17): 8535-8539.

[39] Che, J. F., Shen, L. Y., Xiao, Y. H. A new approach to fabricate graphene nanosheets in organic medium: combination of reduction and dispersion [J]. J. Mater. Chem., 2010, 20 (9): 1722-1727.

[40] Matsuo, Y., Miyabe, T., Fukutsuka, T., et al. Preparation and characterization of alkylamine-intercalated graphite oxides [J]. Carbon, 2007, 45 (5): 1005-1012.

[41] Novoselov, K. S., Geim, A. K., Morozov, S. V., et al. Electric field effect in

atomically thin carbon films [J]. Science, 2004, 306 (5696): 666-669.

[42] Chen, H., Muller, M. B., Gilmore, K. J., et al. Mechanically strong, electrically conductive, and biocompatible graphene paper [J]. Adv. Mater., 2008, 20 (18): 3557-3561.

[43] Che, J. F., Shen, L. Y., Xiao, Y. H. A new approach to fabricate graphene nanosheets in organic medium: combination of reduction and dispersion [J]. J. Mater. Chem., 2010, 20 (9): 1722-1727.

[44] Liu, J. C., Wang, Y. J., Xu, S. P., et al. Synthesis of graphene soluble in organic solvents by simultaneous ether-functionalization with octadecane groups and reduction [J]. Mater. Lett., 2010, 64 (20): 2236-2239.

[45] Zhao, J. P., Pei, S. F., Ren, W. C., et al. Efficient preparation of large-area graphene oxide sheets for transparent conductive films [J]. ACS. Nano., 2010, 4 (9): 5245-5252.

[46] Shen, J. F., Hu, Y. Z., Shi, M., et al. Fast and facile preparation of graphene oxide and reduced graphene oxide nanoplatelets [J]. Chem. Mat., 2009, 21 (15): 3514-3520.

[47] Lu, T., Pan, L. K., Li, F., et al. Microwave-assisted synthesis of graphene-ZnO nanocomposite for electrochemical supercapacitors [J]. J. Alloy. Compd., 2011, 509 (18): 5488-5492.

[48] Wang, J., Gao, Z., Li, Z. S., et al. Green synthesis of graphene nanosheets/ZnO composites and electrochemical properties [J]. J. Solid. State. Chem., 2011, 184 (6): 1421-1427.

[49] Li, B. J., Cao, H. Q. ZnO@graphene composite with enhanced performance for the removal of dye from water [J]. J. Mater. Chem., 2011, 21 (10): 3346-3349.

[50] Chen, Y. L., Hu, Z. A., Chang, Y. Q., et al. Zinc oxide/reduced graphene oxide composites and electrochemical capacitance enhanced by homogeneous incorporation of reduced graphene oxide sheets in Zinc oxide matrix [J]. J. Phys. Chem. C., 2011, 115 (5): 2563-2571.

[51] Lv, W., Tang, D. M., He, Y. B., et al. Low-temperature exfoliated graphenes: vacuum-promoted exfoliation and electrochemical energy storage [J]. ACS. Nano., 2009, 3 (11): 3730-3736.

[52] Dreyer, D. R., Murali, S., Zhu, Y. W., et al. Reduction of graphite oxide using alcohols [J]. J. Mater. Chem., 2011, 21 (10): 3443-3447.

[53] Guo, S. J., Dong, S. J. Graphene nanosheet: synthesis, molecular engineering, thin film, hybrids, and energy and analytical applications [J]. Chem. Soc. Rev., 2011, 40 (5): 2644-2672.

[54] Geim, A. K., Novoselov, K. S. The rise of graphene [J]. Nat. Mater., 2007, 6 (3): 183-191.

[55] Meyer, J. C., Geim, A. K. The structure of suspended graphene sheets [J]. Nature, 2007, 446 (7131): 60-63.

[56] Chattopadhyay, J., Mukherjee, A., Chakraborty, S., et al. Exfoliated soluble graphite [J]. Carbon, 2009, 47 (13): 2945-2949.

[57] Wang, J. Z., Manga, K. K., Bao, Q. L., et al. High-yield synthesis of few-layer graphene flakes through electrochemical expansion of graphite in propylene carbonate electrolyte [J]. J. Am. Chem. Soc., 2011, 133 (23): 8888-8891.

[58] Fernandez-Merino, M. J., Guardia, L., Paredes, J. I., et al. Vitamin C is an ideal substitute for hydrazine in the reduction of graphene oxide suspensions [J]. J. Phys. Chem. C., 2010, 114 (14): 6426-6432.

[59] Shen, X. P., Jiang, L., Ji, Z. Y., et al. Stable aqueous dispersions of graphene prepared with hexamethylenetetramine as a reductant [J]. J. Colloid. Inter. Sci., 2011, 354 (2): 493-497.

[60] Chen, Y., Zhang, X., Yu, P., et al. Stable dispersions of graphene and highly conducting graphene films: a new approach to creating colloids of graphene monolayers [J]. Chem. Commun., 2009, (30): 4527-4529.

[61] Zhang, J. L., Yang, H. J., Shen, G. X., et al. Reduction of graphene oxide via L-ascorbic acid [J]. Chem. Commun., 2010, 46 (7): 1112-1114.

[62] Shin, H. J., Kim, K. K., Benayad, A., et al. Efficient reduction of graphite oxide by sodium borohydrilde and its effect on electrical conductance [J]. Adv. Funct. Mater., 2009, 19 (12): 1987-1992.

[63] Zhou, D., Cheng, Q. Y., Han, B. H. Solvothermal synthesis of homogeneous graphene dispersion with high concentration [J]. Carbon, 2011, 49 (12): 3920-3927.

[64] Stankovich, S., Dikin, D. A., Piner, R. D., et al. Synthesis of graphene-based nanosheets via chemical reduction of exfoliated graphite oxide [J]. Carbon, 2007, 45 (7): 1558-1565.

[65] Yang, X. W., Zhu, J. W., Qiu, L., et al. Bioinspired effective prevention of restacking in multilayered graphene films: towards the next generation of high-performance supercapacitors [J]. Adv. Mater., 2011, 23 (25): 2833-2837.

[66] Stoller, M. D., Park, S. J., Zhu, Y. W., et al. Graphene-based ultracapacitors [J]. Nano. Lett., 2008, 8 (10): 3498-3502.

[67] Farsi, H., Gobal, F. A mathematical model of nanoparticulate mixed oxide pseudocapacitors; part I: model description and particle size effects [J]. J. Solid. State. Electrochem., 2009, 13 (3): 433-443.

[68] Vergaz, R., Pena, J. M. S., Barrios, D., et al. Electrooptical behaviour and control of

a suspended particle device [J]. Opto-Electron. Rev., 2007, 15 (3): 154-158.

[69] Lv, W., Tang, D. M., He, Y. B., et al. Low-temperature exfoliated graphenes: vacuum-promoted exfoliation and electrochemical energy storage [J]. ACS. Nano., 2009, 3 (11): 3730-3736.

[70] Lin, Z. Y., Liu, Y., Yao, Y. G., et al. Superior capacitance of functionalized graphene [J]. J. Phys. Chem. C., 2011, 115 (14): 7120-7125.

[71] Chen, Y., Zhang, X. O., Zhang, D. C., et al. High performance supercapacitors based on reduced graphene oxide in aqueous and ionic liquid electrolytes [J]. Carbon, 2011, 49 (2): 573-580.

[72] Dell, R. M. Batteries-fifty years of materials development [J]. Solid. State. Ion., 2000, 134 (1): 139-158.

第3章

石墨烯/碳纳米管复合薄膜的制备及应用

近年来，氧化石墨烯（GO）或还原氧化石墨烯（RGO）薄膜也备受关注，因为它们基于石墨烯的特殊性质也具有潜在的应用前景[1,2]。由于 GO 几乎不导电，限制了其在电子器件方面的应用。然而，GO 薄膜可通过水合肼、高温热处理或微波辐射进行还原恢复其导电性[3,4]。最近，通过快速膨胀氧化石墨，借助石墨片层间含氧官能团的热解作用而相互剥离的热剥离氧化石墨法，已成为大量、有效制备石墨烯的方法之一[5]。据文献报道，氧化石墨粉在 210℃左右出现较大失重是由于 GO 单片表面和边界的含氧官能团分解所致[6]。由此可推断，GO 基薄膜可在 200℃真空环境中进行热法还原。

Yoo 等[7]制备的石墨烯可逆容量为 540mA·h/g，且他们把容量提高的原因归结于锂离子在石墨烯片层两侧储锂的结果，此外还利用分散法在石墨烯层间插入碳纳米管或富勒烯增加层间距进一步提高储锂容量，可达 784mA·h/g。Tang Yong 等[8]将热膨胀还原的石墨烯与多壁碳纳米管在有聚苯乙烯磺酸钠分散剂存在时过滤成膜，但膜的导电性较差。最近，研究人员发现，GO 充当分散剂可以使石墨粉、石墨烯、碳纳米管等难溶或难分散物质在超声作用下有效地分散在水中[9]。

本章采用真空辅助自组装法使 GO 片定向流动组装制得 GO 薄膜，并在真空下进行不同温度热处理 10h，制备导电的 RGO 薄膜。采用此方法组装制备多壁碳纳米管/GO（MWCNTs/GO）杂化薄膜及进行低温热处理制备出多壁碳纳米管/还原氧化石墨烯（MWCNTs/RGO）杂化薄膜，并以傅里叶变换红外光谱仪、X 射线衍射仪、扫描电子显微镜、X 射丝光电子能谱仪、透射电子显微镜等对所制得薄膜的结构和性能进行表征分析。

3.1 GO薄膜的真空低温热处理

3.1.1 GO 薄膜的制备

采用 Hummers 法制备氧化石墨，将氧化石墨研碎，配制 100mL1mg/mL 悬浮液，超声处理 30min 后，经离心处理除去其中少量杂质，得到均质稳定的 GO 胶状悬浮液。采用微孔滤膜（醋酸纤维酯，其规格为 D47mm，孔径为 0.22μm）过滤，通过真空辅助自组装法制备 GO 薄膜。过滤后将薄膜连同滤膜一起置于 45℃ 真空干燥箱中干燥 24h，然后将薄膜从滤膜上揭下，即可得到 GO 薄膜，并将其标记为 G45。

3.1.2 真空低温热处理

将 G45 薄膜置于真空干燥箱中（0.09MPa），分别于 130℃、150℃、180℃ 和 200℃ 处理 10h，即可得到不同电导率的 GO 薄膜，分别标记为 G130、G150、G180 和 G200。

3.1.3 中温炭化热处理

将真空低温热处理后所得薄膜 G130 和 G180 在真空度为 200mTorr、温度为 1100℃（升温速率 10℃/min）下处理 10min，所得中温炭化热处理薄膜样品分别标记为 G130-1100 和 G180-1100。

3.1.4 性能研究与分析

3.1.4.1 红外光谱分析

图 3-1 为薄膜 G45、G150 和 G200 的红外光谱图。

由图 3-1 可看出 G45 在 3430cm^{-1} 附近出现了较强的 C—OH 和—OH 基团（H_2O）伸缩振动特征吸收峰，1600cm^{-1} 附近出现了较强的—OH 基团弯曲振动特征吸收峰，1725cm^{-1} 附近出现了—C=O 基团的伸缩振动特征吸收峰，表明 G45 中存在结晶水分子及丰富的含氧官能团[10-12]。由 G150 和 G200 薄膜的红外光谱图可知，在 3430cm^{-1} 附近的 C—OH 和—OH 基团（H_2O）伸缩振动特征吸收峰及 1600cm^{-1} 附近的 O—H 基团的弯曲振动特征吸收峰强度明显降低。所有低温热处理的样品在 1630cm^{-1} 左右均出现相应的吸收峰，该峰为 C=C 键伸缩振动特征吸收峰[11]，上述结果与文献报道的结果相符[10,13]。

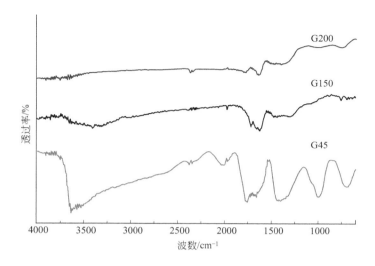

图 3-1　G45 薄膜及将其分别置于 150℃、200℃真空箱中进行热处理 10h 所得 G150、G200 薄膜的红外光谱图

3.1.4.2　X 射线衍射（XRD）分析

图 3-2 为天然鳞片石墨粉、G45、G150、G180 和 G200 薄膜的 X 射线衍射谱图。

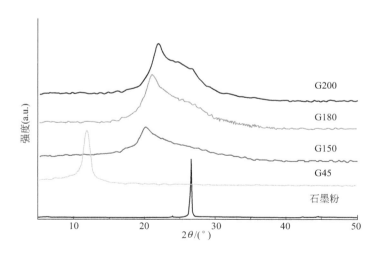

图 3-2　天然鳞片石墨粉、G45 薄膜及将其置于 150℃、180℃、200℃
真空箱中进行热处理 10h 所得 G150、G180、
G200 薄膜的 XRD 谱图

由图 3-2 可看出，G45 薄膜在 $2\theta=11.26°$ 处（层间距 $d=0.76$nm）出现衍射峰，这是由于石墨烯单片间（石墨层间距 $d=0.335$nm）引入含氧官能团膨胀所致[1]。然而，热处理后的 GO 薄膜衍射峰明显向右移动，随着温度的增加越靠近天然鳞片石墨粉（002）衍射峰。其相应层间距相应地随热处理温度升高而减小：G150（0.441nm）＞G180（0.423nm）＞G200（0.405nm），表明经真空低温热处理后 GO 薄膜中含氧官能团部分被脱除。

3.1.4.3 拉曼光谱（Raman）分析

图 3-3 为天然鳞片石墨粉、G45、G150 薄膜的拉曼光谱图。

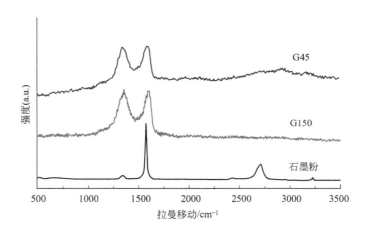

图 3-3 天然鳞片石墨粉，G45 薄膜及其真空下 150℃热处理 10h 所得 G150 薄膜拉曼光谱图

如图 3-3 所示，在天然鳞片石墨粉中存在两个典型特征峰：G 峰和 D 峰。其中 G 峰是单声子的拉曼散射过程导致的 Lo 声子峰[14]，D 峰是由石墨的表面无序引起的[15]。G45 薄膜的光谱图中，G 峰位于 1587cm^{-1} 处，D 峰位于 1342cm^{-1} 处。与其相比，G150 薄膜的 G 峰和 D 峰分别蓝移至 1600cm^{-1}、1356cm^{-1} 处。同时，G150 的两特征峰强度比比 G45 大 0.13（I_D/I_G 为 1.02）。由此可见，GO 薄膜在真空低温热处理过程中发生了一定程度的脱氧还原作用。

3.1.4.4 扫描电子显微镜（SEM）分析

图 3-4(a) 和 (b) 分别为 G150 及 G200 薄膜的外观照片。

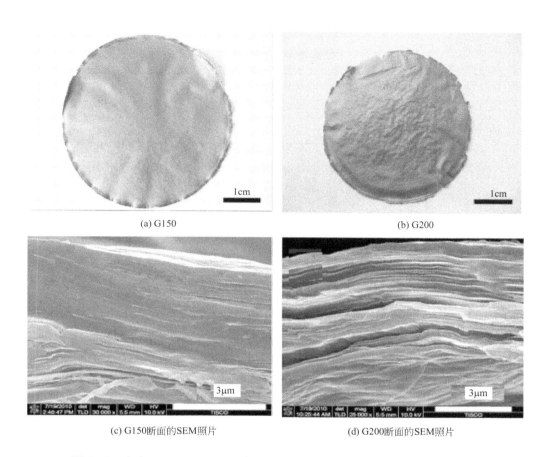

(a) G150 (b) G200

(c) G150断面的SEM照片 (d) G200断面的SEM照片

图 3-4 真空下 150℃、200℃热处理 10h 所得薄膜 G150、G200 的外观图片及其断面 SEM 照片

由图 3-4(a) 可以看出 G150 薄膜表面比较光滑。但随着热处理温度的升高，GO 片层间及边界含氧官能团的部分脱除，使得 G200 表面出现褶皱 [见图 3-4(b)]。这可能是由真空低温热处理过程中薄膜表面释放出 CO、CO_2、H_2O 等气体小分子所致[5]。图 3-4(c) 和 (d) 分别为 G150 和 G200 薄膜断面的 SEM 图，整个断面都展现出层状结构，与文献报道相似[1,16]。由此可知，对真空辅助自组装法所得 GO 薄膜进行低温真空热处理后，其宏观结构及有序性几乎不变。

3.1.4.5　GO薄膜真空低温热处理与电导率关系

表 3-1 列出了真空下 130℃、150℃、180℃、200℃热处理 10h 后所得 G130、G150、G180、G200 薄膜的电导率。

表 3-1　不同温度热处理后所得薄膜的电导率

样品	G130	G150	G180	G200
电导率/(S/cm)	1.80	2.90	3.36	5.27

如表 3-1 所列，GO 薄膜电导率随着热处理温度的升高而增大：G130 (1.80S/cm)＜G150(2.90S/cm)＜G180(3.36S/cm)＜G200(5.27S/cm)，可能是由于 GO 层间吸附水的脱出及 C—O—C、—COOH、—OH 等基团的分解所致。真空低温热处理使 GO 薄膜层间距降低（见 XRD 分析），π 电子云浓度增加，因此它们的电导率呈现出上升趋势。

3.1.4.6　高温炭化对 GO 薄膜的晶格影响

G130 和 G180 薄膜在真空度为 200 mTorr、温度为 1100℃（升温速率 10℃/min）下，处理 10min，所得样品 G130-1100、G180-1100 的 XRD 谱图见图 3-5。在 1100℃下炭化后，还原石墨烯薄膜 G130-1100 及 G180-1100 的石墨烯片层间距 d_{002} 分别转变为 0.3428nm 和 0.3391nm，后者更接近天然鳞片石墨粉的理论层间距 0.335nm[17]。同时，通过四探针电阻测试仪测定其电导率，高温炭化后的还原石墨烯薄膜 G130-1100 和 G180-1100 的电导率分别为 223.7S/cm、255.7S/cm，均高于硼氢化钠预还原再 1300℃炭化所得薄膜的电导率（184.8S/cm）[2]。由此可见，与用硼氢化钠预还原后再炭化相比，真空低温热处理后再炭化不仅可提高所得还原石墨烯薄膜石墨化程度，也能更好地保持石墨烯晶格的完整性。

通过真空辅助自组装法制备出 GO 薄膜，在真空于不同温度下进行热处理 10h，所得 GO 薄膜有序性较好，且具有导电性（电导率 5.27S/cm），进一步炭化后电导率显著增加（255.7S/cm）。此法避免使用水合肼等有毒且污染环境的化学试剂，所制 GO 薄膜在导电薄膜、太阳能电池、储能元件等方面具有潜在应用前景。

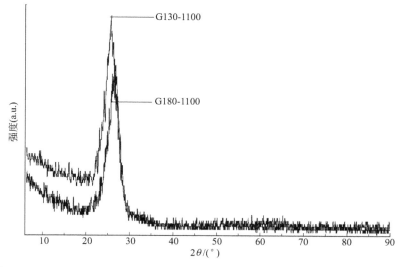

图 3-5　G130-1100 和 G180-1100 的 XRD 谱图 [GO 薄膜 G130、G180 从室温升温到 1100℃（10℃/min）并保温 10min 后的样品]

3.2 碳纳米管/氧化石墨烯混杂薄膜的自组装及其真空低温热处理

3.2.1 MWCNTs/GO 杂化薄膜的制备

将氧化石墨粉碎，配制 1mg/mL 悬浮液 100mL，超声处理 30min 后，悬浮液离心处理除去其中少量杂质，得到均质稳定的氧化石墨烯胶状悬浮液。然后加入质量分数分别为 10%、20%、30%、50% 的多壁碳纳米管（MWCNTs）后超声分散 2h，得到分散均匀的黑色悬浮液。采用微孔滤膜（醋酸纤维酯，其规格为 D47mm，孔径为 0.22μm）真空过滤黑色悬浮液，通过加入悬浮液的体积控制薄膜厚度。过滤后将薄膜连同滤膜一起置于烘箱中于 45℃ 烘干，然后将薄膜从滤膜上揭下，所得杂化薄膜按质量比分别标记为 MWCNTs/GO-10、MWCNTs/GO-20、MWCNTs/GO-30、MWCNTs/GO-50，如图 3-6 所示。

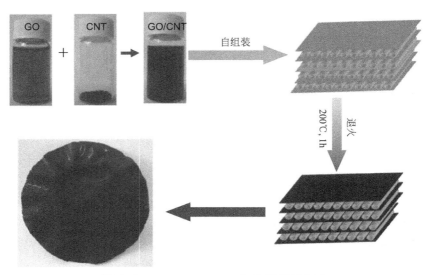

图 3-6　MWCNTs/GO 杂化薄膜的制备

3.2.2　MWCNTs/GO 杂化薄膜的真空低温热处理

将上述杂化薄膜置于真空干燥箱中，于 200℃ 处理 1h，即得到 MWC-NTs/RGO 杂化薄膜，分别标记为 MWCNTs/RGO-10、MWCNTs/RGO-20、MWCNTs/RGO-30、MWCNTs/RGO-50。

3.2.3　性能研究与分析

利用 GO 作表面活性剂，不但可以分散难溶于水的物质，而且产品后处理方便，无碳质材料以外的杂质引进[18-24]，将一维的 MWCNTs 与二维的 GO 进行复合以对 GO 薄膜的导电性进行有效调控，经真空低温热处理后有可能进一步提高 RGO 薄膜的电化学储能特性。

3.2.3.1　透射电子显微镜（TEM）分析

图 3-7 为 GO 及 MWCNTs/GO-20 悬浮液的高分辨率透射电子显微镜图。

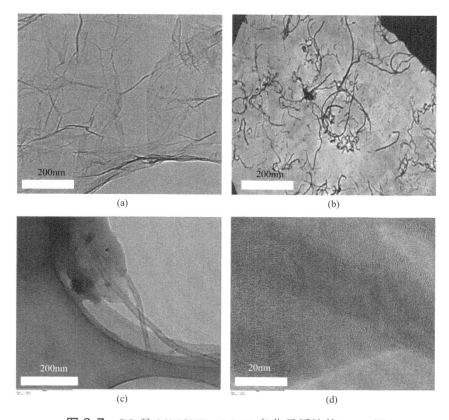

图 3-7 GO 及 MWCNTs/GO-20 杂化悬浮液的 TEM 图

由图 3-7 可看出，微米级 GO 片呈现典型的波纹和丝绸状，与文献报道相吻合[25]。图 3-7(b)～(d) 为 MWCNTs/GO-20 悬浮液样品在不同放大倍数显微镜下的微观图，可看出 MWCNTs 包埋或附着在透明的 GO 片上。图 3-7(d) 为高分辨率透射电子显微镜下观察到的 GO 单片和 MWCNTs 相互作用图。如图 3-7(d) 所示，MWCNTs 吸附在 GO 片表面并起到桥梁作用，从而使其管状侧壁的多个芳香区之间形成 π-π 共轭堆积[9]。此外，含多种亲水性含氧官能团的 GO 充当分散剂使 MWCNT/GO 杂化结构能稳定分散于水中。

3.2.3.2 扫描电子显微镜（SEM）分析

通过微滤法使杂化悬浮液定向流动组装，制得 MWCNTs/GO 杂化薄膜。实验中发现，所制薄膜随 MWCNTs 含量增加，表面光滑和金属光泽度增加，呈现较好的导电性。图 3-8 为 GO 和 MWCNTs/GO 杂化薄膜在不同

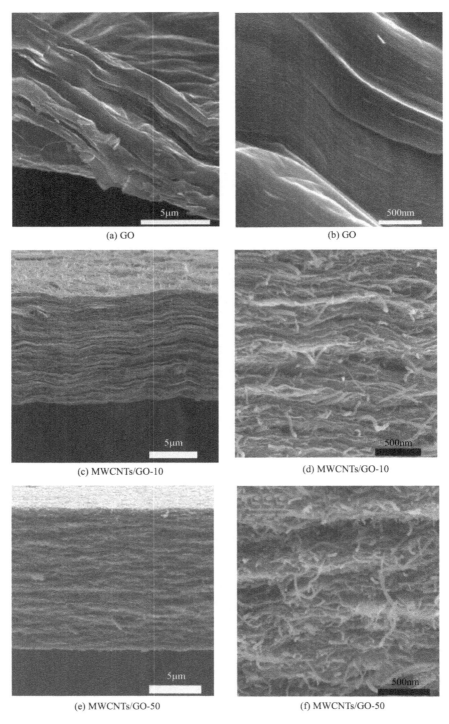

图 3-8　GO 和 MWCNTs/GO 杂化薄膜在不同分辨率下的断面 SEM 照片

放大倍数下的断面 SEM 照片。

由图 3-8 (a)、(b) 可知，纯 GO 薄膜为典型的均质层状结构，表明定向流动组装法可实现 GO 自下而上的有序组装，即瓦片式堆叠[1,2]。从图 3-8 (c)、(f) 可看出，在 GO 中加入 MWCNTs 后所得杂化薄膜为均质层状，呈现"三明治"式结构；随 MWCNTs 含量增加，其断面层次先清晰后变紧密。这表明采用定向流动组装法可实现杂化悬浮液的有序组装，且 MWCNTs 均匀分布在杂化薄膜中，在层与层之间形成交联网络结构，起到桥梁连接作用。

3.2.3.3　热处理前薄膜的傅里叶红外光谱（FTIR）分析

图 3-9 为 GO 薄膜与不同质量比（10%、20%、30%、50%）的多壁碳纳米管所得 MWCNTs/GO 杂化薄膜的 FTIR 谱图。

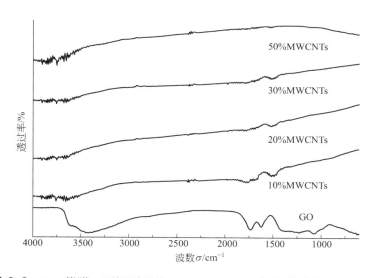

图 3-9　GO 薄膜、不同质量比 MWCNTs/GO 杂化薄膜的 FTIR 谱图

由图 3-9 可看出，GO 薄膜在 3430cm^{-1} 附近出现了较强的 C—OH 和 —OH 基团伸缩振动特征吸收峰，1600cm^{-1} 附近出现了较强的 —OH 基团弯曲振动特征吸收峰，1725cm^{-1} 附近出现了 —C==O 基团的伸缩振动特征吸收峰，表明 GO 薄膜中存在水分子及丰富的含氧官能团[10]。从图中可以看出，随着 MWCNTs 含量增加，MWCNTs/GO 杂化薄膜在 3430cm^{-1} 附近的

C—OH 和—OH 基团伸缩振动特征吸收峰强度明显降低，表明 MWCNTs 与 GO 得到有效杂化。

3.2.3.4 热处理前薄膜的 X 射线衍射 (XRD) 分析

采用 X 射线衍射（XRD）仪对 GO 薄膜、MWCNTs 及 MWCNTs/GO-10、MWCNTs/GO-20、MWCNTs/GO-30、MWCNTs/GO-50 杂化薄膜进行微观有序结构分析测试。如图 3-10 所示，GO 薄膜在 $2\theta=11.8°$ 左右展现出一个典型的强衍射峰（100），对应于层与层之间的距离约为 $0.746nm^{[26]}$。碳纳米管在 $2\theta=25.97°$、$43°$ 展现出典型的衍射峰分别对应于峰（002）与峰（100）。随着碳纳米管含量的增加杂化薄膜峰（100）左移，这是由于碳纳米管的加入拓宽了 GO 层间距。表明碳纳米管含量增加，GO 层与层之间的空间构架距离也增加，使 GO 的特征峰变宽。同时，碳纳米管含量提高到 20%、30% 和 50% 时，杂化薄膜中 MWCNTs 的特征峰（002）出现且强度呈增强趋势，表明已实现 MWCNTs 与 GO 的成功杂化。MWCNTs/GO-50 杂化薄膜的（002）晶面对应的特征峰强度较高，其对应的层间距明显减小，表明 MWCNTs 含量较高，使薄膜中 MWCNTs 和 GO 排列更紧密。

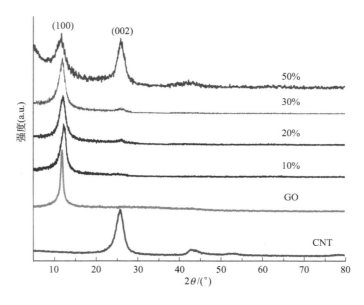

图 3-10　GO 薄膜、MWCNTs 粉末及不同含量 MWCNTs 所得杂化薄膜的 XRD 图

3.2.3.5 热处理后薄膜的拉曼光谱（Raman）和傅里叶变换红外光谱（FTIR）分析

对 MWCNTs/GO 杂化薄膜进行真空低温热处理所得 MWCNTs/RGO 薄膜进行表征分析。

图 3-11(a) 为 GO 和 MWCNTs/RGO 薄膜的拉曼光谱图。从图 3-11(a)

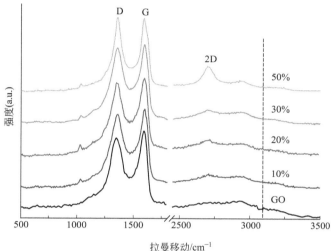

(a) 不同含量MWCNTs薄膜的拉曼光谱图

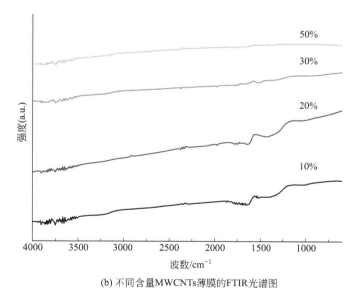

(b) 不同含量MWCNTs薄膜的FTIR光谱图

图 3-11 不同含量 MWCNTs 薄膜的拉曼和 FTIR 光谱图

中可看出，所有薄膜都呈现出 D 峰、G 峰和 2D 峰。GO 薄膜的 D 峰位于 1346cm^{-1} 处，加入不同质量的 MWCNTs 后，MWCNTs/RGO 杂化薄膜的 D 峰位移至 1352cm^{-1} 处。当 MWCNTs 含量为 10%、20%、30%时，薄膜的 G 峰位于 1592cm^{-1} 处；MWCNTs 含量增加到 50%时，G 峰位移至 1580cm^{-1} 处（石墨的 G 峰位置）。这表明 MWCNTs 和 RGO 间发生了电荷转移，与 C_{60}-石墨烯杂化材料类似[9]。同时，随着 MWCNTs 含量增加，D 峰和 G 峰强度比（I_D/I_G）从 0.92 增加到 1.01，这可能是在热处理过程中，杂化薄膜中石墨烯和 MWCNTs 的 sp^2 平面尺寸减小及微晶数量增加所致[27]。此外，MWCNTs/RGO 杂化薄膜位于 2695cm^{-1} 处的 2D 峰强度随 MWCNTs 含量的增加而增强。这些结果表明，MWCNTs/GO 薄膜经真空低温热处理后实现了脱氧还原得到了 MWCNTs/RGO 薄膜，且 RGO 与 MWCNTs 间有较好的相互作用。

图 3-11(b) 为不同含量 MWCNTs 的 MWCNTs/GO 杂化薄膜经真空低温热处理后的 FTIR 谱图。由于 MWCNTs 的加入及热处理，杂化薄膜中 GO 的含氧官能团特征峰如 1730cm^{-1} 处的 C=O 基团伸缩振动峰，1058cm^{-1}、857cm^{-1} 处的 C—O 基团振动峰的强度显著降低，表明已实现 GO 向 RGO 的转变，可成功制备 MWCNTs/RGO 杂化薄膜。这些结果与下面的 XPS 分析结果一致。

3.2.3.6　热处理后薄膜的 X 射线光电子能谱（XPS）分析

采用 XPS 分析杂化薄膜样品在热处理后表面组分的变化情况。图 3-12 为 MWCNTs/GO-10 和 MWCNTs/GO-50 杂化薄膜及 200℃ 热处理后所得 MWCNTs/RGO-10 和 MWCNTs/RGO-50 样品的 XPS 谱图。从杂化薄膜样品的 XPS 全谱图（图 3-12）可看出，随着 MWCNTs 含量增加，热处理前 MWCNTs/GO 杂化薄膜的 C/O 原子比从 1.85 增加至 2.88，表明杂化薄膜中 MWCNTs 和 GO 有效杂化，与上述红外表征相符合。经真空低温热处理后，MWCNTs/RGO-10 和 MWCNTs/RGO-50 杂化薄膜的 C/O 原子比分别达 5.37 和 6.75，说明 GO 上的含氧官能团大部分被移除[28]。MWCNTs/GO-10 和 MWCNTs/RGO-50 热处理前后的 C1s 分峰拟合图进一步证明了以上结论。与 GO 相比，由于 MWCNTs 的加入，MWCNTs/GO-10 [书后彩图 3(a)] 和 MWCNTs/GO-50 [彩图 3(c)] 在 285.6eV、

286.7eV 和 288.4eV 处的 C—OH、C—O 及 O—C═O 峰明显削弱，且 C—C/C═C 骨架特征峰显著增强，表明杂化薄膜材料中碳含量增加，且 MWCNTs 与 GO 结合较强，可实现两者之间的有效杂化[17,29]。彩图 3（b）和（d）为真空低温热处理后样品的 C1s 拟合谱图。与热处理前相应的 C1s 谱图相比，热处理后杂化薄膜中 GO 上的大部分含氧官能团尤其是 C—O 和 O—C═O 基团被脱除及大量的 sp^2 区域得到恢复，可实现 GO 向 RGO 的还原转变，从而得到 MWCNTs/RGO 杂化薄膜[30,31]。这进一步证明了所制得杂化薄膜的"三明治"结构有利于 GO 脱氧。

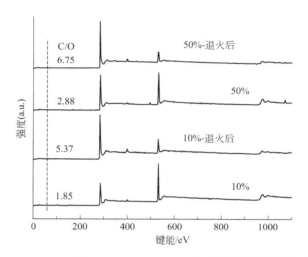

图 3-12　MWCNTs/GO-10 和 MWCNTs/GO-50 杂化薄膜热处理前后的 XPS 全谱图

3.2.3.7　导电性能分析

图 3-13 为加入不同含量 MWCNTs 后所制备的 MWCNTs/GO 及将其真空低温热处理后所得的 MWCNTs/RGO 杂化薄膜电导率图。

如图 3-13 及内插图所示，随着 MWCNTs 含量增加，MWCNTs/GO 和 MWCNTRs/GO 杂化薄膜的电导率升高。MWCNTs 含量为 10% 时，MWCNTs/GO-10 杂化薄膜电导率为 1.71S/m，远大于几乎为绝缘体的 GO 薄膜[32]。当 MWCNTs 含量增加到 50% 时，MWCNTs/GO-50 杂化薄膜电导率高达 1120S/m。这表明通过引入不同质量比纯碳材料——MWCNTs，可实现 GO 导电性的恢复和有效调控。经 200℃ 热处理 1h 后，MWCNTs/RGO-50 杂化薄膜电导率高达 53.80S/cm，远大于我们此前相同条件下所制

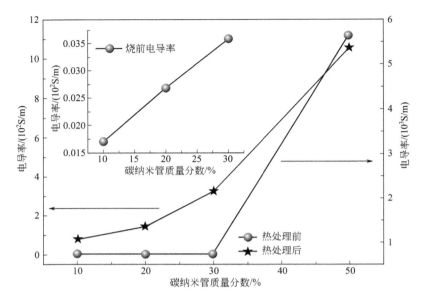

图 3-13　不同含量 MWCNTs/GO 杂化薄膜热处理前后的电导率

备的纯 RGO（5.27S/cm）薄膜[26]。

3.2.3.8　电化学性能分析

为了进一步探索具有"三明治"结构的 MWCNTs/RGO 杂化薄膜的性能，采用三电极体系组装超级电容器，测试样品在电化学储能方面的应用潜力。

图 3-14(a) 为不同含量 MWCNTs 的 MWCNTs/RGO 杂化薄膜在不同扫描速率下的循环伏安曲线（CV）。从图 3-14(a) 中可看出，电位窗口在 $-0.9\sim0V$ 范围内，所有 MWCNTs/RGO 薄膜样品在扫描速度为 10mV/s 时，CV 曲线呈现出规则的平行四边形，为典型的碳材料双电导电容，表明有较好的电化学行为[33]。实验发现 MWCNTs/RGO-30 样品在扫描速率达 500mV/s 时，其 CV 曲线仍保持规则形状，这表明除了有优异的电容行为外，还具有良好的润湿性使离子易进入样品的"三明治"层状表面。

从图 3-14(b) 中的充、放电曲线可看出，不同含量 MWCNTs 的 MWC-NTs/RGO 薄膜样品呈现对称的三角形，表明在充、放电过程中具有可逆性。在电流密度为 100mA/g 时，MWCNTs/RGO-30 杂化薄膜的比电容高达 379F/g，而 MWCNTs/RGO-10 和 MWCNTs/RGO-50 样品的比电容分别为 306F/g 和 185F/g［如图 3-14（c）所示］。这说明 RGO 和 MWCNTs 在控制比电容方面起协同效应。同时，当 MWCNTs 质量分数为 50% 时，所制薄膜的电容呈下降趋势，可能是由于其层间距减小，离子进入的通道减小所致，与上述拉曼、XRD 及 SEM 分析结果一致。当电流密度为 5A/g 和 10A/g 时，MWCNTs/RGO-30 样品的比电容仍分别高达 161F/g 和 154F/g，很适合作快速充、放电的超级电容器。

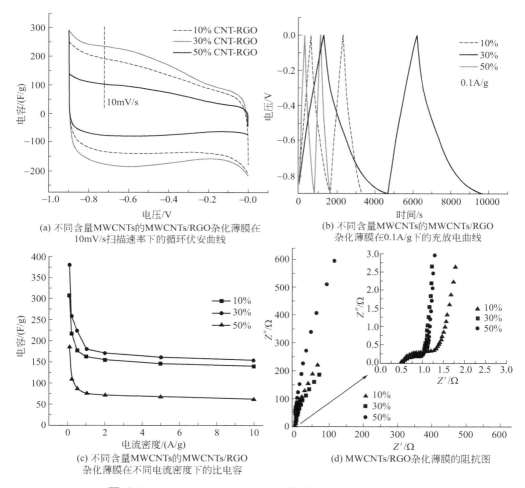

图 3-14 MWCNTs/RGO 杂化薄膜的电化学性能分析

图 3-14(d) 为不同含量 MWCNTs 的 MWCNTs/RGO 薄膜样品的交流阻抗图。从图中可看出，MWCNTs/RGO 杂化薄膜样品呈现近乎理想的电容器响应。当 MWCNTs 含量为 10%、30% 和 50% 时，薄膜样品的电阻分

别为 1.02Ω、0.92Ω 和 0.84Ω。薄膜样品的电阻随 MWCNTs 含量的增加而减小，表明样品中碳含量增加。由上述结果可知，MWCNTs/RGO-30 的电化学性能明显优于 MWCNTs/RGO-10 和 MWCNTs/RGO-50，可通过 MWCNTs 含量的控制来调控石墨烯基薄膜的电化学性能。与 MWCNTs/GO 杂化粉末样品相比[29]，这种特殊的"三明治"结构及简单易行的热处理给予了 MWCNTs/RGO 杂化薄膜更优异的电化学性能。这些结果表明"三明治"结构的 MWCNTs/GO 杂化薄膜经真空低温热处理后有望用于高性能超级电容中。

通过微滤自组装法制备出 MWCNTs/GO 杂化薄膜，所得杂化薄膜呈层状有序结构，且实现了其导电性能的有效调控。在真空下进行低温（200℃）热处理 1h 后，所得 MWCNTs/RGO-50 杂化薄膜电导率高达 53.80S/cm，且薄膜的电化学储能可控，MWCNTs/RGO-30 的比电容高达 379F/g。该杂化薄膜有望应用于复合材料、导电薄膜、太阳能电池、储能元件等方面。

3.3 石墨烯/碳纳米管复合薄膜的应用

碳纳米管和石墨烯是典型的一维和二维纳米材料，二者问世以来受到人们的广泛关注。碳纳米管在 1991 年由日本 NEC 公司基础研究实验室的 Iijima 教授首次合成。碳纳米管在同类物质中具有较高的导电性，常被用于透光导体，直至今日，我们得到的碳纳米管在透明度为 80%～85% 时其电阻率可达 500Ω/m。2004 年英国曼彻斯特大学物理学家安德烈·海姆和康斯坦丁·诺沃肖洛夫首次成功制备了石墨烯，相对碳纳米管而言，石墨烯具有更大的单位传导面积，甚至可以在光学密度更低的条件下具有较高的导电性。石墨烯纳米片作为一种新型材料，被挖掘出很多应用方面的潜能，例如制备太阳能电池、储能设备、超级电容器、透明电极、生物传感器以及电化学传感器等。石墨烯具有良好的电化学、光学、热学和机械稳定性。石墨烯的制备方法很多，例如机械剥落法、外延生长法、氧化还原法、超声分散法和化学气相沉积法。碳纳米管与石墨烯的最大区别在于其结构不同，碳纳米管表面存在许多缺陷且晶化程度较差，其组建的薄膜上有许多间隙，透明性好但电导率较低。因此，石墨烯/碳纳米管复合薄膜使碳纳米管与石墨烯在结构与性质上互补，石墨烯/碳纳米管复合薄膜可以充分发挥二者各自的优势，既有碳纳米管薄膜的连续网络结构，又利用石墨烯的二维片层结构来填补网状结构的空隙，在不降低透光性的同时又能增强其导电性。

参考文献

[1] Chen, H. C., Müller, M. B., Gilmore, K. J., et al. Mechanically strong, electrically conductive, and biocompatible graphene paper [J]. Adv. Mater., 2008, 20 (18): 3557-3561.

[2] 陈成猛，杨永岗，温月芳，等. 有序石墨烯导电炭薄膜的制备 [J]. 新型炭材料, 2008, 23 (4): 345-350.

[3] Aknavan, O. The effect of heat treatment on formation of graphene thin films from graphene oxide nanosheets [J]. Carbon, 2009, 48 (2): 509-519.

[4] Li, Z., Yao, Y. G., Lin, Z. Y., et al. Ultrafast, dry microwave synthesis of graphene sheets [J]. J. Mater. Chem., 2010, 20 (23): 4781-4783.

[5] Lv, W., Tang, D. M., He, Y. B., et al. Low-temperature exfoliated graphenes: vacuum-promoted exfoliation and electrochemical energy storage [J]. ACS. Nano., 2009, 3 (11): 3730-3736.

[6] Chen, W. F., Yan, L. F. Preparation of graphene by a low-temperature thermal reduction at atmosphere pressure [J]. Nanoscale, 2010, 3 (4): 559-563.

[7] Yoo, E., Kim, J., Hosono, E., et al. Large reversible Li storage of graphene nanosheet families for use in rechargeable lithium ion batteries [J]. Nano. Lett., 2008, 8 (8): 2277-2282.

[8] Tang Y, Gou J H. Synergistic effect on electrical conductivity of few-layer graphene/multi-walled carbon nanotube paper [J]. Mater Letter, 2010, 64 (22): 2513-2516.

[9] Tung, V. C., Huang, J. H., Tevis, I., et al. Surfactant-free water-processable photoconductive all-carbon composite [J]. J. Am. Chem. Soc., 2011, 133 (13): 4940-4947.

[10] Huang Z D, Zhang B A, Liang R, et al. Effects of reduction process and carbon nanotube content on the supercapacitive performance of flexible graphene oxide papers [J]. Carbon, 2012, 50 (11): 4239-4251.

[11] Geng, J. X., Liu, L. J., Yang, S. B., et al. A simple approach for preparing transparent conductive graphene film using the controlled chemical reduction of exfoliated graphene oxide in an aqueous suspension [J]. J. Phys. Chem. C., 2010, 114 (34): 14433-14440.

[12] Chen, W. F., Yan, L. F., Prakriti, R. B. Preparation of graphene by the rapid and mild thermal reduction of graphene oxide induced by microwaves [J]. Carbon, 2010, 48 (4): 1146-1152.

[13] Zangmeister, C. D. Preparation and evaluation of graphite oxide reduced at 220 ℃ [J].

Chem. Mater., 2010, 22 (19): 5625-5629.

[14] Telg, H., Maultzsch, J., Reich, S., et al. Chirality distribution and transition energies of carbon nanotubes [J]. Phys. Rev. Lett., 2004, 93 (17): 177401.

[15] Sood, A. K., Gupta, R., Asher, S. A. Origin of the unusual dependence of Raman D band on exitation wavelength in graphit-like materials [J]. J. Appl. Phys., 2001, 90 (9): 4494-4497.

[16] Compton, O. C., Dikin, D. A., Putz, K. W., et al. Electrically conductive "alkylated" graphene paper via chemical reduction of amine-functionalized graphene oxide paper [J]. Adv. Mater., 2010, 22 (8): 892-896.

[17] Fan, Z. J., Wang, K., Wei, T., et al. An environmentally friendly and efficient route for the reduction of graphene oxide by aluminum powder [J]. Carbon, 2010, 48 (5): 1686-1689.

[18] Kim, J., Cote, L. J., Kim, F., et al. Graphene oxide sheets at interfaces [J]. J. Am. Chem. Soc., 2010, 123 (23): 8180-8186.

[19] Tian, L. L., Meziani, M. J., Lu, F. S., et al. Graphene oxides for homogeneous dispersion of carbon nanotubes [J]. ACS. Appl. Mater. Inter., 2010, 2 (11): 3217-3122.

[20] Tian, L. L., Anilkumar, P., Cao, L., et al. Graphene oxides dispersing and hosting graphene sheets for unique nanocomposite materials [J]. ACS. Nano., 2011, 5 (4): 3052-3058.

[21] Zhang, C., Ren, L. L., Wang, X. Y., et al. Graphene oxide-assisted dispersion of pristine multiwalled carbon nanotubes in aqueous media [J]. J. Phys. Chem. C., 2010, 114 (26): 11435-11440.

[22] Chaturbedy, P., Matte, H. S. S. R., Voggu, R., et al. Self-assembly of C60, SWNTs and few-layer graphene and their binary composites at the organic-aqueous interface [J]. J. Colloid. Interf. Sci., 2011, 360 (1): 249-255.

[23] Kim, Y. K., Na, H. K., Kwack, S. J., et al. Synergistic effect of graphene oxide/MWNT film in laser desorption/ionization mass spectrometry of small molecules and tissue imaging [J]. ACS. Nano., 2011, 5 (6): 4550-4561.

[24] Yang, S. Y., Chang, K. H., Tien, H. W., et al. Design and tailoring of a hierarchical graphene-carbon nanotube architecture for supercapacitors [J]. J. Mater. Chem., 2011, 21 (7): 2374-2380.

[25] Li, Y. F., Liu, Y. Z., Shen, W. Z., et al. Graphene-ZnS quantum dot nanocomposites produced by solvothermal route [J]. Mater. Lett., 2011, 65 (15): 2518-2521.

[26] 刘燕珍, 李永锋, 杨永岗, 等. 低温热处理对氧化石墨烯薄膜的影响 [J]. 新型炭材料, 2011, 26 (1): 41-45.

[27] Ramesh, P., Bhagyalakshmi, S., Sampath, S., et al. Preparation and physicochemical and electrochemical characterization of exfoliated graphite oxide [J]. J. Colloid. Interface. Sci., 2004, 274 (1): 95-102.

[28] Fan, Z. J., Kai, W., Yan, J., et al. Facile synthesis of graphene nanosheets via Fe reduction of exfoliated graphite oxide [J]. ACS. Nano., 2011, 5 (1): 191-198.

[29] Aboutalebi, S. H., Chidembo, A. T., Salari, M., et al. Comparison of GO, GO/MWCNTs composite and MWCNTs as potential electrode materials for supercapacitors [J]. Energ. Environ. Sci. 2011, 4 (5): 1855-1865.

[30] Zhu, C. Z., Guo, S. J., Fang, Y. X., et al. Reducing sugar: new functional molecules for the green synthesis of graphene nanosheets [J]. ACS. Nano., 2010, 4 (4): 2429-2437.

[31] Wang, R. R., Sun, J., Gao, L. A., et al. Effective post treatment for preparing highly conductive carbon nanotube/reduced graphite oxide hybrid films [J]. Nanoscale, 2011, 3 (3): 904-906.

[32] Lv, W., Xia, Z. X., Yang Q H, et al. Conductive graphene-based macroscopic membrane self-assembled at a liquid-air interface [J]. J. Mater. Chem., 2011, 21 (10): 3359-3364.

[33] Zhu, Y. W., Murali, S., Stoller, M. D., et al. Microwave assisted exfoliation and reduction of graphite oxide for ultracapacitors [J]. Carbon, 2010, 48 (7): 2118-2122.

第4章

金属硫化物/还原石墨烯纳米复合材料的制备及应用

近年来，纳米级半导体材料的制备及特性研究引起了人们广泛的关注，由于它们在诸如新功能催化剂[1,2]、太阳能电池[3-5]、非线性光学材料[6]及光电开关[7,8]等新材料领域有着广泛的应用前景，世界上许多国家都投入大量资金用于半导体纳米材料这方面的研究，新的科研成果也不断涌现。随着纳米材料体系和各种超结构体系研究的不断开展和深入，纳米技术将有可能带动世界科技和经济进行新的飞跃。

ⅡB-ⅥA半导体纳米粒子一般呈球形或类球形，它是纳米尺度分子的集合体，如 CdS[9,10]、ZnS[11]、CdSe[12]、CdTe[13]等。金属硫化物纳米材料由于组成和结构的特殊性，具有特殊的非线性光学性质，荧光特性及其他重要的物理、化学性质，纳米粒子的这种特殊的结构导致了其具有特殊的纳米效应，并由此派生出许多传统固体相所不具有的特殊性质。近年来的研究已成功制备出纳米棒[14,15]、纳米线[16]以及其他形状的ⅡB-ⅥA半导体纳米材料，并已受到物理、化学和材料学家的高度重视[17,18]。

硫化锌（ZnS）是直接带宽禁带半导体材料，它的电子和空穴复合不需要声子协助，发光效率高。ZnS的禁带宽度立方相为 3.7eV，六角相为 3.8eV，其激子激活能为 40meV，是一种良好的电致发光照明材料，商业上已用来制作电致发光显示器，也在薄膜异质结太阳能电池中用作 n 型窗口层。ZnS薄膜的生长方法包括化学浴沉积[19]、热蒸发[20]、电子束蒸发[21]、溅射[22]、喷雾热解[23]以及最近发展起来的脉冲激光沉积[24]等。这类材料在太阳能电池中需求量较大，因而急需一种低成本的生长技术以降低终端产品的价格。硫化镉（CdS）是一种典型的ⅡB-ⅥA半导体化合物，其本体带隙约为 2.4eV。由于其具有良好的光电转化特性，常被用作太阳能电池的窗口材料[25]。量子尺寸效应能使 CdS 的能级改变、带隙变宽、吸收和发射光谱都向短波方向移动，直观上表现为颜色的变化。纳米粒子的表面效应可引起纳米微粒表面原子和构型发生变化，同时也会引起表面电子自旋构象和电子能谱的变化，从而对其光学、电学及非线性光学性质等具有重要影响。因其在光、电、磁、催化等方面应用的潜能巨大，几十年来一直受到人们的广泛关注。因此，能在低温和低成本条件下大面积地沉积优质半导体薄膜的化学浴沉积法已成为较合适发展的技术之一。

为了通过半导体基体系统增强产生的光电流，需要通过分子的电子中继半导体结构或有效的电子传输基体来延迟半导体电子、空穴的再结合，例如使用导电聚合物薄膜、碳纳米管[26]或石墨烯[27]等。石墨烯具有优良的导电性，并且是原子厚度的二维柔性结构[28]，从而使之成为优良的电子传输基体。Wang 等[29]以 CdS 纳米晶体和带有丰富负电荷的羧酸基团功能化氧化石墨为原料，在石墨烯的表面原位形成有 CdS 颗粒的纳米复合材料。相比纯 CdS 纳米晶体，掺杂石墨烯后能促进 CdS 纳米晶体的电化学氧化还原过程，而且 CdS/石墨烯纳米复合材料能与 H_2O_2 反应生成牢固的、稳定的电致化学发光传感器。由于性能良好，石墨烯也可作为增强材料，用于制备其他类型的传感器应用于化学和生物化学分析等方面。

此外，采用具有还原性的含硫化合物与氧化石墨烯进行复合时，工艺简单易行。Cao 等[30]以二甲基亚砜（DMSO）为溶剂，采用溶剂热法一步法可制备出 CdS/石墨烯纳米复合材料，反应过程中 DMSO 既可作为溶剂又充当还原剂。Nethravathi 等[31]通过在含有 Cd^{2+}/Zn^{2+} 的混合溶液中通入 H_2S 气体，通过一步法制备出硫化物/石墨烯复合材料。Wang 等[32]用硫脲同时作为硫源和还原剂，通过一步法制备了 CdS/石墨烯、ZnS/石墨烯复合材料，所制备的复合材料具有较好的光电转化性能。Geng 等[33]将甲基镉和硒粉混合均匀，然后溶于三膦烷的溶液中，再将溶液快速注入热的三辛基氧化膦溶液（340～360℃）中，通过控制反应过程的参数可制得 CdSe 纳米晶体，接着在 118℃氩气气氛中与吡啶置换 24h，再通过加入己烷离心沉淀，便得到 CdSe 纳米颗粒。将 CdSe 纳米颗粒与氧化石墨烯悬浮液混合均匀，通过真空自组装可得到 CdSe/石墨烯复合薄膜，发现这种复合薄膜的光电转化效率是纯 CdSe 纳米薄膜的 10 倍。

本章先采用溶剂热法制备 ZnS/还原石墨烯纳米复合材料，然后在氧化石墨烯水溶胶的辅助下经真空抽滤制备宏观复合薄膜，探讨 ZnS/还原石墨烯复合材料的光电性能及宏观复合薄膜在超级电容器中的应用。

4.1 ZnS/还原石墨烯纳米复合材料

4.1.1 复合材料的制备

本章节中所用的试剂均为分析纯且没有进一步纯化，合成 ZnS/还原石墨烯（G-ZnS 纳米复合材料）的具体过程如下：先将按第3章所制得的 GO（50mg）和 $Zn(CH_3COO)_2$（0.082g，纯度≥99.0%）加入 100mL 的烧杯中，慢慢加入 50mL 二甲基亚砜（DMSO）溶剂，剧烈搅拌后将其转移到超声波发生器中，超声 1h 后，得到稳定的棕黄色悬浮液，然后将所制备的棕黄色悬浮液转移到聚四氟乙烯衬里的不锈钢反应釜（50mL）中，置于均相反应器中于 180℃ 恒温处理 10h。反应结束后冷却到室温，再转移到干净的烧杯中。将反应所得到的黑色混合液加入真空抽滤装置中，抽滤得到黑色固体粉末，接着用丙酮和乙醇连续洗涤三遍，最后将黑色样品置于 60℃ 的真空烘箱中干燥 24h，得到灰黑色粉末，如图 4-1 所示。

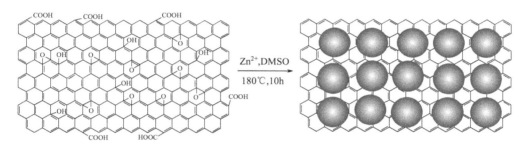

图 4-1 G-ZnS 纳米复合材料的制备过程

4.1.2 性能研究与分析

4.1.2.1 X 射线衍射（XRD）分析

X 射线衍射（XRD）分析是分析半导体纳米材料的一种重要手段，利用 XRD 分析仪分别考察了 GO 和 G-ZnS 纳米复合材料的结构转变，如图 4-2 所示。从图 4-2 中可以看出，经强氧化后制得的 GO 在 $2\theta = 26.7°$ 处的石墨特征衍射峰（002）完全消失，在 $2\theta = 11.26°$ 处出现（001）强特征衍射峰，经晶面计算得到 GO 的层间距为 0.747nm，这是由于石墨在氧化过程中片层间引入羟基、羧基以及环氧基等丰富的含氧基团引起层间距明显增大所致，与文献报道的值相符[34,35]。经溶剂热法反应得到的 G-ZnS 纳米复合材料在 $2\theta = 28.6°$、47.8° 和 56.1° 处出现强的特征衍射峰，分别对应于闪锌矿 ZnS 的（111）、（220）和（311）晶面。与标准图谱相比，G-ZnS 纳米复合材料的特征衍射峰明显变宽,这可能是由于 ZnS 的粒度变小所致。在 G-ZnS 纳米复合材料谱图中未出现 GO 的特征衍射峰,$2\theta=26.5°$ 处出现石墨烯的特征峰,这表明反应过程中 GO 已被有效还原[36,37]。

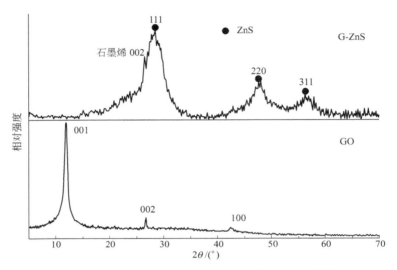

图 4-2　GO 和 G-ZnS 纳米复合材料的 XRD 衍射谱图

4.1.2.2　傅里叶变换红外光谱(FTIR)分析

利用傅立叶变换红外光谱(FTIR)仪对 GO 和 G-ZnS 纳米复合材料的表面官能团信息进行测试分析,如图 4-3 所示。

从图 4-3 中可看到 GO 中含有 C═O($1739cm^{-1}$)、O—H($3421cm^{-1}$)、C═C($1624cm^{-1}$)、C—O($1226cm^{-1}$)和 C—O($1066cm^{-1}$)伸缩振动吸收峰[38,39],说明 GO 含有丰富的含氧官能团。经溶剂热处理后的 G-ZnS 纳米复合材料曲线上所有含氧官能团的吸收峰强度明显减弱,由于 C═C 和硫原子的相互作用,G-ZnS 纳米复合材料样品中的 C═C($1624cm^{-1}$)吸收峰的频率降低而强度增加。此外,在 G-ZnS 纳米复合材料样品中与 GO 相关的 C—O 和环氧基的伸缩振动峰明显减弱,这表明在溶剂热制备 G-ZnS 纳米复合材料过程中 GO 已转变为还原石墨烯。

4.1.2.3　X 射线光电子能谱(XPS)分析

为了进一步探索 G-ZnS 纳米复合材料的组成及 GO 还原前后含氧量的

变化，对其进行 XPS 分析。通过 XPS 分析结果可以得出纳米复合材料中的 C/O 原子比和元素组成类型。图 4-4 为 GO 和 G-ZnS 纳米复合材料的 XPS 表面分析全谱图。

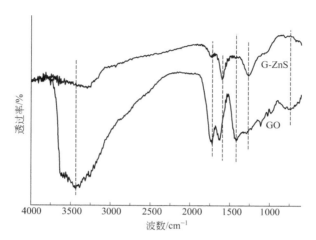

图 4-3　GO 和 G-ZnS 纳米复合材料的 FTIR 谱图

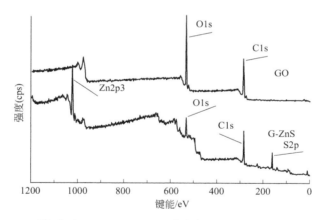

图 4-4　GO 和 G-ZnS 纳米复合材料全谱图

从 GO 的 XPS 全谱图中可以看出，GO 主要由 C、O 两种元素组成，经元素分析其中 C/O 原子比为 1.9。经溶剂热还原后的 G-ZnS 纳米复合材料 C/O 原子比增大为 5.8，同时在 G-ZnS 曲线上出现较强的 $Zn2p^3$ 峰和 S2p 峰，这是由于反应过程中石墨烯表面生成 ZnS 纳米颗粒所致，表明所制备产物由还原石墨烯和 ZnS 组成。

书后彩图 4 为 GO 和 G-ZnS 纳米复合材料的 C1sXPS 谱图，分别采用

Lorentz 函数对其进行拟合。如书后彩图 4(a) 所示，从 GO 中看出碳原子不同状态下的结合能：在 284.5eV、286.3eV、287.5eV、289.1eV 处出现的特征峰分别对应于 sp^2 杂化中的 C—C/C=C、C—O/C—O—C、C=O 及 O—C=O 结合能[40]。与 GO 的 C1s 谱图相比，G-ZnS 复合材料的 C/O 原子比显著增加，C—O/C—O—C、C=O 及 O—C=O 结合能的峰明显减弱。G-ZnS 纳米复合材料样品在 284.6eV 处的 C—C 峰增强，表明溶剂热法能使 GO 进行脱氧还原，因而使其上所有的含氧官能团特征峰强度明显变弱；同时，sp^2 特征峰强度增加。从 G-ZnS 纳米复合材料谱图中可以看出，C1s 在不同状态下结合能的信号发生改变，表明碳原子由 sp^3 杂化向 sp^2 杂化转变[41]。由此可以推断，在溶剂热反应过程中 DMSO 可以充当还原剂还原 GO，且主要作用是脱除环氧基团。这一结果也可由 GO 和 G-ZnS 纳米复合材料的 FTIR 谱图得到证实。

4.1.2.4 透射电子显微镜（TEM）分析

利用 TEM 对 GO 和 G-ZnS 纳米复合材料的微观结构进行表征，如图 4-5 所示。

先将 GO 粉末加入 DMSO 溶剂中，超声 2h，使其均匀分散制备 GO 悬浮液。图 4-5(a) 为 GO 悬浮液的 TEM 照片，从图 4-5(a) 可以看出 GO 呈薄层丝绸状，从几百平方纳米到几平方微米的多层 GO 片褶皱在一起。这主要是由于石墨粉在氧化过程中 sp^3 杂化碳原子的引入而导致平面状的 sp^2 碳层扰动。从图 4-5(b) 可看出，G-ZnS 纳米复合材料由单层二维的还原石墨烯片和其上所吸附的 ZnS 纳米颗粒组成。此外，还可观察到 G-ZnS 纳米复合材料的褶皱形貌，这与文献报道一致[42]。由图 4-5(b) 和图 4-5(c) 知，ZnS 纳米颗粒均彼此分离且均匀地分布于石墨烯片上。ZnS 纳米颗粒的较好分布可保证 G-ZnS 复合材料具有有效的光电性能。由高分辨 TEM 可知，G-ZnS 样品中 ZnS 纳米颗粒的尺寸约为 10nm，与上述 XRD 计算结果相近。

4.1.2.5 紫外-可见吸收光谱（UV-Vis）分析

为了进一步了解纳米复合材料的性能，采用紫外-可见吸收光谱研究 ZnS 纳米颗粒和 G-ZnS 纳米复合材料对紫外-可见光的吸收光谱，如图 4-6

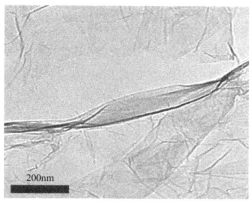

(a) GO的DMSO悬浮液

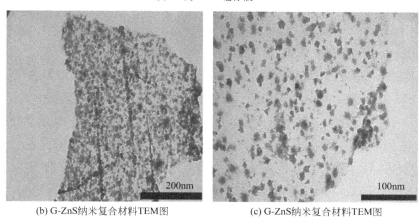

(b) G-ZnS纳米复合材料TEM图　　　(c) G-ZnS纳米复合材料TEM图

图 4-5　GO 的 DMSO 悬浮液及 G-ZnS 纳米复合材料的 TEM 图

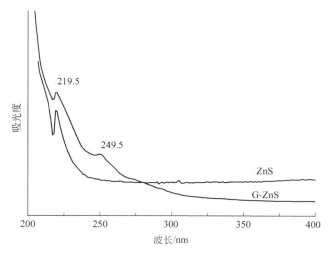

图 4-6　ZnS 纳米颗粒和 G-ZnS 纳米复合材料的紫外-可见吸收光谱

所示。与图 4-6 中 ZnS 相比，从图 4-6 中 G-ZnS 曲线中可以看出，在紫外-可见吸收光谱中 219.5nm 处有吸收峰，表明 G-ZnS 纳米复合材料的禁带宽度（E_g）为 5.65eV，远大于 ZnS 体材料的禁带宽度（3.66eV）[43,44]。G-ZnS 蓝移明显是由于均匀分布在石墨烯表面的 ZnS 纳米颗粒强量子限域效应所致。通过进一步观察图 4-6 中 G-ZnS 曲线，发现在 249.5nm（4.97eV）处有一微弱肩峰，这可能是由于硫空位缺陷引起的。

4.1.2.6 光致荧光光谱分析

ZnS 作为重要的ⅡB-ⅥA 半导体材料，禁带宽度达 3.8eV，是较好的光致发光材料。对 ZnS 纳米颗粒和 G-ZnS 纳米复合材料样品分别在波长为 280nm 处激发得到 PL 光谱图，如图 4-7 所示。从图中可以看出 ZnS 纳米颗粒 PL 图谱在 362nm 处出现较强的发射峰对应于 ZnS 俘获态发射，在 311nm 处出现一个强度相对较弱的峰则对应于 ZnS 纳米颗粒能带边缘发射[45]。与 ZnS 纳米颗粒光致发光图谱相比，G-ZnS 纳米复合材料样品的带边缘激发谱图蓝移至 327.5nm 处，这是由于量子限域效应和晶格中存在高含量点缺陷所致。此外，与 G-ZnS 纳米复合材料激发相关的低强度表面缺陷完全被湮灭，这可能是 ZnS 纳米颗粒与石墨烯表面之间相互作用引起的。

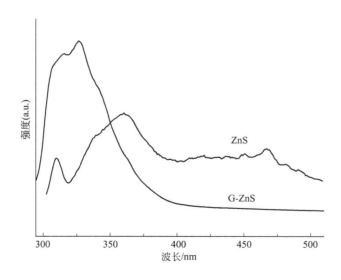

图 4-7　ZnS 纳米颗粒和 G-ZnS 纳米复合材料的 PL 光谱图

① 本节以 $Zn(CH_3COO)_2$ 和 GO 为原料，DMSO 为溶剂，通过溶剂热一步法制备出 G-ZnS 纳米复合材料，ZnS 纳米颗粒在石墨烯表面粒径小且分布均匀。

② 通过溶剂热法制备的 G-ZnS 纳米复合材料具有较好的纳米结构。在石墨烯表面沉积 ZnS 纳米颗粒的同时，GO 被 DMSO 还原成还原石墨烯。由于还原石墨烯具有较大的二维柔性平面，有利于 ZnS 纳米颗粒均匀地附着在其表面。G-ZnS 纳米复合材料中，还原石墨烯表面的 ZnS 纳米颗粒粒径约为 10nm，因而使其具有较好的光电效应。

4.2 ZnS-G-GO 纳米复合薄膜及其电化学性能研究

4.2.1 复合薄膜的制备

本节使用的还原石墨烯是高真空下通过低温快速热剥离氧化石墨粉所得。将 20mg 还原石墨烯粉和 0.1g $Zn(CH_3COO)_2$ 加入二甲基亚砜（DMSO，50mL）溶剂中，通过剧烈搅拌得到稳定的悬浮液。再将所制备的悬浮液转移到 50mL 的不锈钢聚四氟乙烯容器中，于 180℃ 处理 10h 后得到黑色固体样品，命名为 G-ZnS 复合材料。称取 10mg G-ZnS 纳米复合材料，将其加入 20mL GO 悬浮液（1mg/mL）中，剧烈搅拌 1h 后得到稳定的黑色悬浮液。采用孔径为 0.22μm 的微孔滤膜，通过真空过滤（真空度为 －0.09MPa）上面所制备的 ZnS-G-GO 黑色复合悬浮液，制备 ZnS-G-GO 宏观复合薄膜。过滤后将薄膜连同滤膜一起置于 45℃ 真空干燥箱中干燥 24h，然后将薄膜从滤膜上揭下，即可得到 ZnS-G-GO 复合薄膜，见图 4-8。

G-ZnS 纳米复合材料能较好地分散于棕黄色的 GO 水溶液中，形成黑色均相的悬浮液。这是由于 GO 表面含有丰富的亲水性含氧官能团，能吸附在 G-ZnS 纳米复合材料的表面使其均匀分布而不团聚，并形成黑色悬浮液，有利于后续处理。

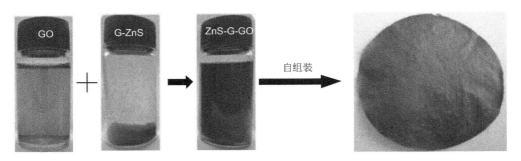

图 4-8 ZnS-G-GO 复合薄膜的制备过程

4.2.2 电化学性能测试

采用三电极体系在 6mol/L KOH 溶液中对 ZnS-G-GO 宏观复合薄膜的电化学性能进行循环伏安和恒流充放电等性能测试。将薄膜样品进行电极组装，即在两片泡沫镍之间夹持一定质量的 ZnS-G-GO 纳米复合薄膜（直径约 1cm 圆片），置于小型压力机下，在 10MPa 的压力下静置 10s 后，形成工作电极。饱和氢电极和铂片电极分别作为对电极和参比电极。为了制备电极材料，把一定量的 ZnS-G-GO 纳米复合薄膜置于 100℃ 的真空干燥器中处理 12h，以除去薄膜内部多余的水分子。把制备好的电极样品浸泡于 6mol/L KOH 溶液中，静置 12h，浸泡结束后采用循环伏安法、恒流充放电和电化学阻抗对样品进行电化学性能测试。

单电极材料的比电容由充、放电曲线计算得到，其相应的公式如下：

$$C = \frac{I \Delta t}{m \Delta V} \tag{4-1}$$

式中　C——比电容，F/g；

　　　I——放电电流，A；

　　　ΔV——充放电过程中的电压窗口，V；

　　　Δt——在电压窗口内的间断放电时间，s；

　　　m——单电极的活性物质量。

此外比电容也可由 CV 曲线计算得到，其相应的公式如下：

$$C = \frac{\int I \, \mathrm{d}V}{mV} \tag{4-2}$$

式中　C——比电容，F/g；

I——放电电流，A；
V——充放电过程中的电压窗口，V；
m——单电极的活性物质量，g。

4.2.3 性能研究与分析

4.2.3.1 X射线衍射（XRD）分析

X射线衍射（XRD）分析是一种研究半导体纳米复合材料相变与结构常用的有效方法，分别对石墨粉、GO、RGO、G-ZnS 纳米复合材料和 ZnS-G-GO 纳米复合薄膜在衍射角为 5°～80°范围内进行 XRD 测试，如图 4-9 所示。由原料 GO 粉末的 XRD 谱图可以看出，在 $2\theta=11.26°$（层间距 $d=0.776$nm）处出现 GO 的典型的特征衍射峰（001），与笔者此前的研究结果相一致[46]。由 ZnS-G-GO 纳米复合薄膜的 XRD 图谱可以看出，在 $2\theta=28.6°$、47.8°、56.6°处出现明显的特征衍射峰，分别对应于闪锌矿型 ZnS 的（111）、（220）、（311）晶面。值得注意的是，ZnS-G-GO 复合薄膜在 $2\theta=26°$处出现较强的衍射特征峰，这归因于立方 ZnS（$2\theta=28.6°$）的（111）

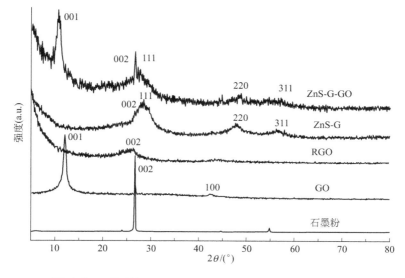

图 4-9 石墨粉、GO、RGO、G-ZnS 纳米复合材料和
ZnS-G-GO 纳米复合薄膜的 XRD 图

晶面和石墨烯（002）晶面反射的重合。另外，ZnS-G-GO 纳米复合薄膜在 $2\theta=11.26°$ 处出现的衍射峰为 GO 的特征衍射峰，这表明 GO 作为表面活性剂，能有效分散 G-ZnS 纳米复合材料制备宏观薄膜，扩大了半导体纳米复合材料的应用范围。

4.2.3.2　X 射线光电子能谱（XPS）分析

图 4-10 为 GO、G-ZnS 纳米复合材料和 ZnS-G-GO 纳米复合薄膜的 XPS C1s 谱图。

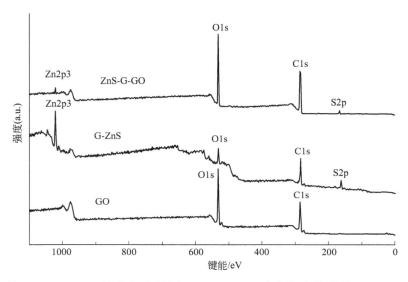

图 4-10　GO、G-ZnS 纳米复合材料及 ZnS-G-GO 纳米复合薄膜的 XPS C1s 谱图

由图 4-10 可知，G-ZnS 纳米复合材料和 ZnS-G-GO 纳米复合薄膜样品中除了出现 GO 或 RGO 特征元素 C 和 O 的特征峰外，还出现了 Zn 和 S 元素的特征峰。且与 GO 的 C/O 原子比相比，G-ZnS 纳米复合材料的 C/O 原子比增加，而 ZnS-G-GO 纳米复合薄膜的 C/O 原子比减小。这表明经热处理和溶剂热反应过程后，GO 与 G-ZnS 可进行有效复合，得到 ZnS-G-GO 纳米复合薄膜样品。分别采用 Lorentz 函数对各样品的 C1sXPS 谱图进行分峰拟合，所得结果如书后彩图 5(a) 所示，从 GO 曲线中可看出碳原子在不同状态下的结合能：在 284.5eV、286.3eV、287.5eV、289.1eV 处出现的特征峰分别对应 sp2 杂化结构中 C—C/C═C、C—O/C—O—C、C═O 及 O—C═O 官能团的结合能。与 GO 的 C1s 峰相比，G-ZnS 纳米复合材料的

C/O 原子比显著增加，C—O/C—O—C、C=O 及 O—C=O 结合能的峰明显减弱［彩图 5(b)］[47]。G-ZnS 纳米复合材料样品在 284.6eV 处的 C—C 峰增强，其上所有的含氧官能团特征峰强度明显减弱。同时，sp^2 特征峰强度增加，表明溶剂热法能使 GO 上的大部分含氧官能团脱除而得到有效还原。从 G-ZnS 纳米复合材料图谱中可以看出，C1s 不同状态下结合能的信号发生改变，由 sp^3 杂化向 sp^2 杂化结构转变。由彩图 5(c) 可知，ZnS-G-GO 样品中的含环氧官能团含量比 G-ZnS 样品高，这是由 GO 所提供的，表明二者已进行有效复合。由此可以推断，在溶剂热反应过程中 DMSO 可以充当还原剂还原 GO，且其主要作用是脱除环氧基团。这一结果也可由 GO 和 G-ZnS 纳米复合材料的 FTIR 谱图得到证实。

4.2.3.3 透射电子显微镜（TEM）分析

利用透射电子显微镜（TEM）对 RGO 和 G-ZnS 纳米复合材料的微观结构进行观察，如图 4-11 所示。

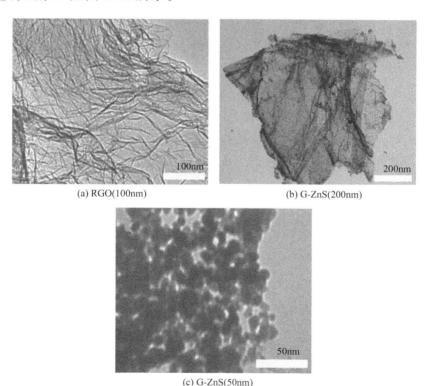

(a) RGO(100nm)

(b) G-ZnS(200nm)

(c) G-ZnS(50nm)

图 4-11　RGO 和 G-ZnS 纳米复合材料的 TEM 图

先将 GO 粉末加入 DMSO 溶剂中，超声 2h，使其均匀分散后制得 GO 的 DMSO 悬浮液。图 4-11(a) 为 GO 悬浮液的 TEM 照片，从图 4-11(a) 可以看出 GO 样品呈薄层纱状，从几百平方纳米到几平方微米的多层 GO 片褶皱在一起。这主要是由于石墨粉在氧化过程中 sp^3 杂化碳原子的引入导致平面状的 sp^2 碳层扰动所致。从图 4-11(b) 可看出，G-ZnS 纳米复合材料由单层二维的还原石墨烯片和其上所吸附的 ZnS 纳米颗粒组成。此外，还可观察到 G-ZnS 纳米复合材料的褶皱形貌，这与文献报道一致[48]。由图 4-11(b) 和图 4-11(c) 可知，ZnS 纳米颗粒均彼此分离且均匀地分布于石墨烯片上。ZnS 纳米颗粒的较好分布能保证 G-ZnS 材料具有有效的光电性能。由高分辨 TEM 可知，G-ZnS 样品中的 ZnS 纳米颗粒的平均尺寸约为 10nm，与上述 XRD 计算结果相近。

4.2.3.4　扫描电子显微镜（SEM）分析

通过微滤法使纳米复合悬浮液定向流动组装，制得 ZnS-G-GO 纳米复合薄膜。利用扫描电子显微镜（SEM）对 ZnS-G-GO 纳米复合薄膜的断面微观结构进行观察，图 4-12 为 ZnS-G-GO 纳米复合薄膜在不同分辨率下的 SEM 图。

如图 4-12(a) 所示，从图中可以看出复合薄膜厚度约为 $10\mu m$。还原石墨烯和 ZnS 纳米颗粒通过层层堆叠形成"三明治"式结构。从图 4-12(a) 可以看出样品中存在较大的片层结构，这是 GO 片层，因为 GO 的长径比较大，其直径达数百纳米至几微米。由于 GO 含有丰富的含氧官能团，在纳米复合材料中起到桥梁作用，可使官能团含量较少的 ZnS-G 纳米复合材料彼此连接在一起。通过图 4-12(b)、(c) 可以看到还原石墨烯层间附着较大的 ZnS 纳米颗粒，这些纳米颗粒起到支撑作用，使还原石墨烯片层间有较多孔隙，可增加其在电极材料方面的应用。

4.2.3.5　电化学性能分析

将 ZnS-G-GO 纳米复合薄膜样品组装成单电极置于三电极系统中，通过测试其循环伏安曲线、充放电及阻抗等来考察其在超级电容器电极方面的应用性能。书后彩图 6(a) 为 ZnS-G-GO 纳米复合薄膜在 6mol/L KOH 电解液中及不同扫描速率下的 CV 曲线。由图可看出，所有 ZnS-G-GO 纳米复合薄

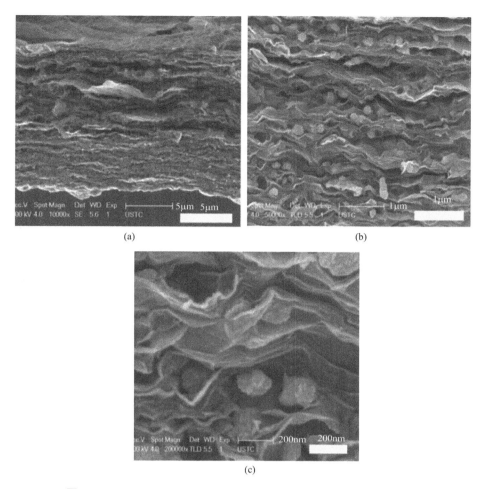

图 4-12　ZnS-G-GO 纳米复合薄膜在不同分辨率下的 SEM 图

膜样品的 CV 曲线呈现不规则的梭形，有氧化还原峰，表明其电容有双电层电容和赝电容组成[49]。在 2mV/s 的扫描速率下，通过计算其电容达到 243F/g。彩图 6(b) 为 ZnS-G-GO 纳米复合薄膜在不同电流密度下的充放电曲线。由彩图 6(b) 可知，样品的充放电曲线在整个电位窗口内为直线，且斜率恒定，这表明其具有较好的电容行为[50]。样品的比电容由充放电曲线的数据计算而得。当电流密度为 0.1A/g 时，ZnS-G-GO 纳米复合薄膜样品的比电容达 187.9F/g。电化学交流阻抗（EIS）曲线分析法被认为是一种测试超级电容器电极材料基本性能的常用方法[51,52]。图 4-13(a) 为 ZnS-G-GO 纳米复合薄膜样品的典型 EIS 曲线。EIS 曲线包括一个在高频区压低的大直径半圆，这是高电荷转移电阻。同时，EIS 曲线上的 45°斜线部分归因于 Warburg 电阻，它来源于电解液离子扩散的频率依赖和传输。由 EIS 曲线及相关数据计算可知，ZnS-G-GO 纳米复合薄膜样品的等效电阻约为 15.3Ω。此外，为进一步探索样品的电化学性能，对其进行循环使用寿命测试。ZnS-G-GO 纳米复合薄膜电极样品的循环稳定性在 $-1\sim 0V$ 间、扫描速率为 $100mV/s$ 下测得。图 4-13(b) 为循环次数与保留比电容值的关系。从图中可看出，经 1000 次循环后，ZnS-G-GO 纳米复合薄膜电极样品呈现出较长的使用寿命，电容保留率达 90%。据此可推断，此法所制备的 ZnS-G-GO 纳米复合薄膜样品具有较高的比电容，有望用于超级电容器等器件中。

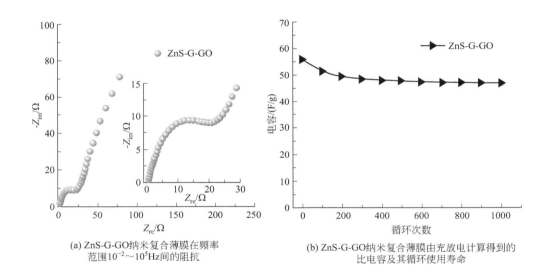

(a) ZnS-G-GO 纳米复合薄膜在频率范围 $10^{-2}\sim 10^{5}Hz$ 间的阻抗

(b) ZnS-G-GO 纳米复合薄膜由充放电计算得到的比电容及其循环使用寿命

图 4-13　ZnS-G-GO 纳米复合薄膜的电化学性能分析

利用真空抽滤自组装法制备出 ZnS-G-GO 纳米复合薄膜，利用 XRD、XPS、TEM、SEM 等分析测试手段对其结构和性能进行了分析。在扫描速率为 $2mV/s$ 时，ZnS-G-GO 纳米复合薄膜的电容为 $243F/g$。通过采用含氧官能团丰富的 GO 作为分散剂，能使 G-ZnS 连接在一起制备成"三明治"结构的宏观复合薄膜。同时，由于 GO 的丰富含氧官能团，在双电容中能够提供一定的赝电容。该复合薄膜有望应用于复合材料、光电薄膜、太阳能电池、储能元件等方面。

4.3 CdS-G-GO纳米复合薄膜及其性能

4.3.1 G-CdS 纳米复合材料的制备

将 20mg 高真空下通过低温热膨胀氧化石墨粉而得到的还原石墨烯（graphene，G）、0.1g Cd(CH_3COO)$_2$ 和 0.3g 硫脲加入不同的溶剂中（50mL），通过剧烈搅拌得到稳定的悬浮液。将所制备的悬浮液转移到 50mL 的不锈钢聚四氟乙烯容器中，在 180℃ 下反应 10h，反应结束后将其冷却到室温，然后转移到干净的烧杯中。将反应所得到的黑色混合液加入真空抽滤装置中，抽滤得到黑色固体粉末，接着用丙酮和乙醇连续洗涤三遍，最后将黑色样品置于 60℃ 的真空烘箱中干燥 24h，所得黑色粉末产品（G-CdS）因溶剂不同，在还原石墨烯表面的 CdS 形貌也不一样。作为对比，还研究了加入 GO 并还原得到的产物 RGO-CdS 纳米复合材料。

合成 RGO-CdS 纳米复合材料的过程具体如下：先将 GO(50mg) 和 Cd(CH_3COO)$_2$（0.1g，纯度≥99.0%）加入 100mL 的烧杯中，然后慢慢加入 100mL 二甲基亚砜（DMSO）溶剂，剧烈搅拌后转移到超声波发生器中超声 1h，当混合液形成稳定的棕黄色悬浮液后，将其转移到聚四氟乙烯衬里的不锈钢反应釜（100mL）中，再将反应釜置于均相反应器中于 180℃ 恒温处理 10h。反应结束后冷却到室温，反应物转移到干净的烧杯中后，将反应所得黑色混合液加入真空抽滤装置中抽滤，得到黑色固体粉末，标记为 RGO-CdS。采用同样的方法，若不加 GO，可制得亮黄色的 CdS 纳米颗粒。

4.3.2 复合薄膜的制备

通过改进的 Hummers 法制备氧化石墨，然后在水溶液中通过大功率超声分散得到 GO 悬浮液，称取 10mg 上述所制备的 G-CdS，加入 20mL GO 悬浮液（1mg/mL）中，剧烈搅拌 1h 得到稳定的黑色悬浮液。采用孔径为

0.22μm 的微孔滤膜，通过将（真空度为－0.09MPa）上述所制备的 CdS-G-GO 黑色复合悬浮液抽滤得到 CdS-G-GO 纳米复合薄膜。抽滤后将薄膜连同滤膜一起置于 45℃真空干燥箱中干燥 24h，然后将薄膜从滤膜上揭下，即可得到 CdS-G-GO 纳米复合薄膜。

4.3.3 性能研究与分析

4.3.3.1 形成过程分析

采用上述方法制备 G-CdS 杂化材料，此 G-CdS 能较好地分散于棕黄色 GO 水溶胶中形成均相的黑色悬浮液。这种现象归因于 GO 的两亲性质，GO 能吸附于杂化材料的界面并降低界面和表面的张力[53,54]。通过真空辅助自组装法，便可以所制黑色悬浮液为原料制备 CdS-G-GO 纳米复合薄膜，其形成过程的示意见图 4-14。

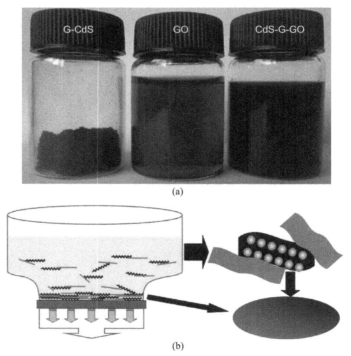

图 4-14 G-CdS、GO 水溶胶、CdS-G-GO 复合悬浮液的照片及 CdS-G-GO 纳米复合薄膜的形成机理图

4.3.3.2 透射电子显微镜（TEM）分析

图 4-15 为 RGO-CdS 纳米复合材料在不同分辨率下的 TEM 图。

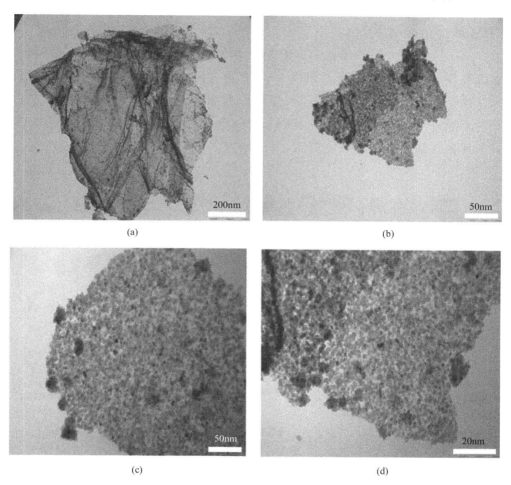

图 4-15　不同分辨率下 RGO-CdS 纳米复合材料的 TEM 图

从图 4-15(a) 可以看出，CdS 纳米颗粒能均匀地分布在还原石墨烯的表面，还原石墨烯的整体形貌呈透明薄纱状结构，为了保证其热力学稳定而自发卷曲堆垛成少层石墨烯纳米片，且在表面有少许褶皱。从 RGO-CdS 纳米复合材料的图 4-15(b)～(d) 可以看出，CdS 纳米颗粒在石墨烯表面分布较均匀、致密，平均粒径约为 3～4nm，远小于不加 GO 所制备的 CdS 纳米颗粒。与图 4-16 相比，石墨烯表面分布的 CdS 纳米颗粒密度较小，这可能是由于 DMSO 在还原 GO 过程中，GO 表面大量的含氧官能团脱除所致。

为了与 GO 原料对比，采用真空热膨胀剥离的还原石墨烯代替 GO 进行实验。图 4-16 为不同分辨率下所制备的 G-CdS 纳米颗粒的 TEM 图。

从图 4-16(a) 可以看出，CdS 纳米颗粒在石墨烯表面分布均匀且致密。通过观察 G-CdS 纳米复合材料图 4-16(d)，可以得出其表面分布的 CdS 纳米颗粒粒径为 1~2nm，表明还原石墨烯原料对其表面纳米颗粒的分布有着重要的影响。通过预先脱除 GO 表面大量的含氧官能团，能够有效地提高 CdS 纳米颗粒在其表面的分布密度。

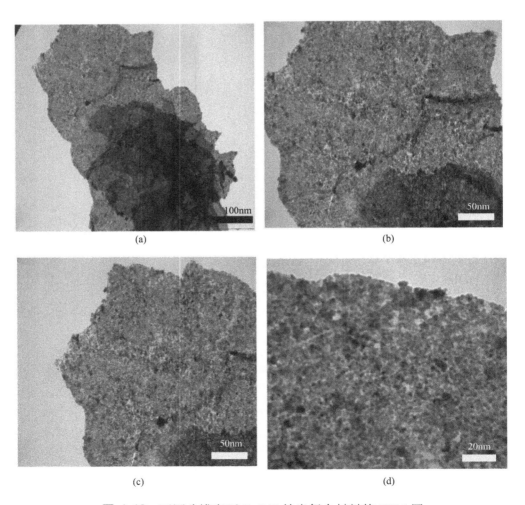

图 4-16　不同分辨率下 G-CdS 纳米复合材料的 TEM 图

4.3.3.3 X射线衍射（XRD）分析

采用XRD分析所制样品的晶相结构。如图4-17所示，GO薄膜的XRD图上$2\theta=11.26°$（层间距为0.776nm）处出现一典型的尖锐峰（001），与文献报道一致[55]。CdS-G-GO纳米复合薄膜在$2\theta=26.5°$、$43.7°$、$52.2°$处出现特征衍射峰，分别对应于立方体型CdS（JCPDS No.65-2887）的（111）、（220）和（311）晶面。有趣的是，此XRD谱图上的$2\theta=26.5°$处也出现了较强的衍射峰，这是由立方体型CdS的（111）晶面与还原石墨烯的（002）晶面重叠所致。此外，CdS-G-GO纳米复合薄膜位于11.26°处的衍射峰归因于GO的特征峰。这些结果表明在还原石墨烯片的表面形成了立方体型CdS，与文献结果一致[56]。

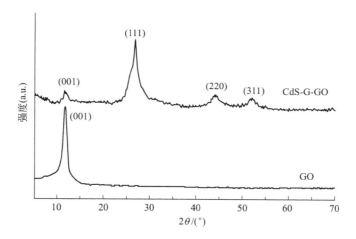

图4-17 GO和CdS-G-GO纳米复合薄膜的XRD图谱

4.3.3.4 傅里叶变换红外光谱（FTIR）分析

图4-18为GO薄膜、G-CdS纳米复合材料和CdS-G-GO纳米复合薄膜的FTIR图。

从图4-18中可看出，GO薄膜的红外曲线上出现了C═O（1735cm^{-1}）、C═C（1622cm^{-1}）、C—O（1414cm^{-1}）、C—O（1128cm^{-1}）和C—O（3400，1116cm^{-1}）等特征峰[57]。CdS-G-GO纳米复合薄膜上含氧官能团所对应的吸收峰强度明显低于GO薄膜，同时又高于G-CdS纳米复合材料，这表明已将GO与G-CdS纳米复合材料成功地复合成CdS-G-GO纳米复合薄膜。

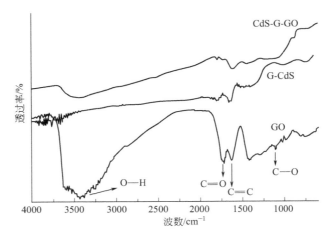

图 4-18 GO 薄膜、G-CdS 纳米复合材料及 CdS-G-GO 纳米复合薄膜的 FTIR 图

4.3.3.5 X 射线光电子能谱（XPS）分析

采用 XPS 考察 GO 薄膜、G-CdS 纳米复合材料和 CdS-G-GO 纳米复合薄膜的 C/O 原子比及官能团的相关信息（见图 4-19）。从图 4-19 中可看出，GO 薄膜和 G-CdS 纳米复合材料的 C/O 原子比分别为 1.91 和 6.94，揭示了在热还原和水热处理过程中 GO 上的大部分含氧官能团均被脱除。对于 CdS-G-GO 纳米复合薄膜，其 C/O 原子比为 3.84，这是由于其中存在 GO

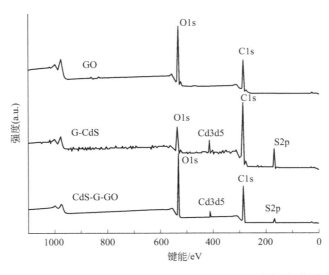

图 4-19 GO 薄膜、G-CdS 纳米复合材料及 CdS-G-GO 纳米复合薄膜的 XPS 全谱图

所致。此外，XPS 中原子组成显示 CdS-G-GO 纳米复合薄膜中含有 0.41% 的 S 和 0.3% 的 Cd，意味着在石墨烯片上可形成分布均匀的 CdS 纳米颗粒。书后彩图 7(a) 和 (b) 为 GO 薄膜和 G-CdS 纳米复合材料的 XPS C1s 谱图。CdS-G-GO 纳米复合薄膜的 C—O（286.6eV）强度 [彩图 7(c)] 比 G-CdS 纳米复合材料的高，但却弱于 GO 薄膜，这可能是 GO 和 G-CdS 共同贡献所致。

4.3.3.6　透射电子显微镜（TEM）和扫描电子显微镜（SEM）分析

图 4-20(a) 展示了无支撑 CdS-G-GO 纳米复合薄膜的外观照片。为了进一步考察薄膜的形貌结构，对 G-CdS 纳米复合材料进行 TEM 和 SEM 观察。

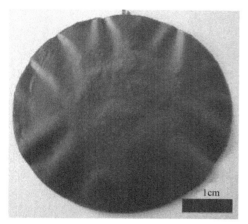
(a) CdS-G-GO 纳米复合薄膜照片

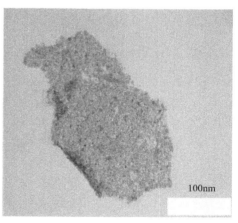
(b) G-CdS 纳米复合材料 TEM 照片(100nm)

(c) G-CdS 纳米复合材料 TEM 照片(20nm)

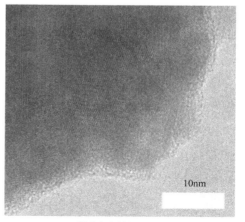
(d) G-CdS 纳米复合材料 TEM 照片(10nm)

图 4-20

(e) CdS-G-GO纳米复合薄膜断面SEM照片

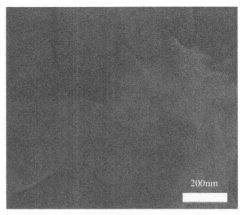
(f) CdS-G-GO纳米复合薄膜正面SEM照片

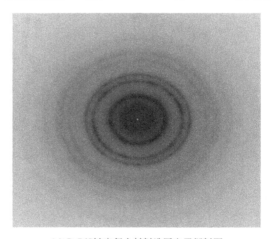
(g) G-CdS纳米复合材料选区电子衍射图

图4-20　CdS-G-GO纳米复合薄膜的照片、G-CdS纳米复合材料不同分辨率下的TEM照片、CdS-G-GO纳米复合薄膜断面和正面的SEM照片及G-CdS纳米复合材料的选区电子衍射图

如图4-20(b)和图4-20(c)所示，G-CdS纳米复合材料由二维的还原石墨烯片及所吸附的CdS纳米颗粒组成。同时，G-CdS纳米复合材料的褶皱结构与文献报道一致[58]，这主要是石墨烯片常温下的典型形貌。从图4-20(b)～(d)可看出，CdS纳米颗粒彼此分离并均匀地分布于还原石墨烯片上，与图4-20(e)和图4-20(f)中的SEM观察结果相符。CdS纳米颗粒在石墨烯片上的均匀分布可确保G-CdS纳米复合材料产生有效的光电效应[59]。由图4-20(c)可知G-CdS纳米复合材料中CdS纳米颗粒的平均尺寸为1～2nm。

从选区电子衍射（SAED）图 4-20(g) 可看出，衍射斑与 CdS 纳米点相匹配[60]。

4.3.3.7 拉曼光谱（Raman）分析

拉曼光谱在 GO 和石墨烯的表征方法中起重要作用。如图 4-21 所示，GO 薄膜、G-CdS 纳米复合材料和 CdS-G-GO 纳米复合薄膜的拉曼谱图在 $500\sim2000cm^{-1}$ 范围内呈现两个主要特征峰：D 峰和 G 峰。D 峰与样品的缺陷及平面 sp^2 区域的尺寸减小有关[61]。G 峰为 E_{2g} 模式的一级散射。从图 4-21 中可看出，GO 薄膜的 G 峰位于 $1596cm^{-1}$ 处，而 G-CdS 杂化材料和 CdS-G-GO 纳米复合薄膜的 G 峰分别位移至 $1586cm^{-1}$ 和 $1590cm^{-1}$ 处，与原料石墨粉的相应值接近[62]。这表明在热剥离和水热处理过程中 GO 被还原，同时在 CdS-G-GO 纳米复合薄膜中存在石墨烯片。据报道，D 峰、G 峰的强度比可作为石墨烯无序度的量度[63]。CdS-G-GO 纳米复合薄膜 D 峰、G 峰的强度比为 1.2，高于 GO 薄膜的值（0.9），说明当加入 GO 与 CdS 后，CdS-G-GO 纳米复合薄膜中的缺陷和更小尺寸的芳香区域增加。

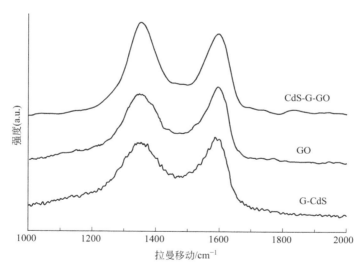

图 4-21　GO 薄膜、G-CdS 纳米复合材料和 CdS-G-GO 纳米复合薄膜的拉曼光谱图

4.3.3.8 热重（TG）分析

采用热重分析进一步探讨由 GO 制备 CdS-G-GO 纳米复合薄膜过程中样

品热稳定性的变化。如图 4-22 所示，随着温度升高，GO 薄膜样品在此过程中出现两个主要的失重峰，分别位于 220℃（失重率为 30%）和 550℃（失重率为 50%）时[64]。CdS-G-GO 纳米复合薄膜样品在 220℃ 时失重率为 23.1%，高于 G-CdS 杂化样品的相应失重率（5.6%），表明 GO 表面和边缘的大部分含氧官能团已分解。此外，值得注意的是，CdS-G-GO 纳米复合薄膜样品的第二大失重峰位于约 500℃ 时，低于 GO 薄膜样品，可能从 CdS 和 GO 中引入了无序的缺陷。因此，CdS-G-GO 纳米复合薄膜在 500℃ 煅烧前的热稳定性优于 GO 薄膜。

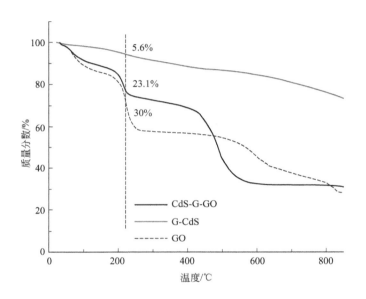

图 4-22　GO 薄膜、G-CdS 纳米复合材料和 CdS-G-GO 纳米复合薄膜的热重曲线

4.3.3.9　光致荧光光谱分析

利用 PL 分析，可以对纳米粒子的发光性能、能级结构和表面状态进行研究，实验中使用 Shimadzu-540 型荧光分光光度计测定样品的荧光光谱。对于所得的量子点产物，选用乙醇作为溶剂，测试产物的发光性能。图 4-23 为 CdS 纳米颗粒和 CdS-G-GO 纳米复合薄膜在 325nm 处激发的 PL 光谱图。从图中可以看出，在不加还原石墨烯的情况下，采用同样的反应过程制得 CdS 纳米颗粒。从图中可清楚地看到，在 325nm 处激发后，CdS 纳米颗粒的带边缘发射位于 540nm 处。与 CdS 纳米颗粒样品相比，CdS-G-GO

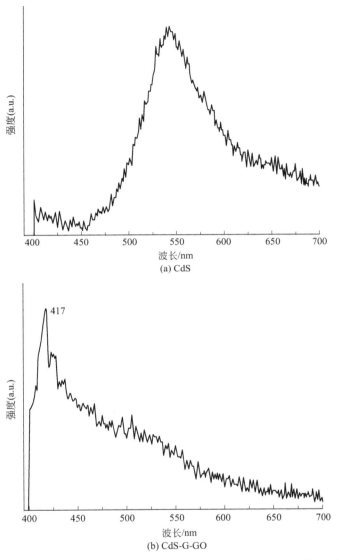

图 4-23　CdS 纳米颗粒和 CdS-G-GO 纳米复合薄膜在 325nm 处激发的 PL 光谱图

纳米复合薄膜的带边缘发射位于 417nm 处，这种明显的蓝移是由于颗粒尺寸变化及 CdS 纳米颗粒与 GO、石墨烯片间相互作用所致[65]。

① 采用溶剂热法制备出 G-CdS 纳米复合材料。通过对比 G 和 GO 研究溶剂对石墨烯表面 CdS 形貌的影响。研究发现 CdS 纳米颗粒在预先还原的石墨烯表面沉积较好，且粒径较小。尤其在真空热剥离的石墨烯表面分布粒径达到 1~2nm，这可能与先脱除其表面官能团有关。

② 采用真空辅助自组装法制备出无支撑 CdS-G-GO 纳米复合薄膜。GO 具有羟基、羧基、环氧基等丰富含氧官能团，制备过程中 GO 可同时作为溶剂和分散剂，分散的 G-CdS 粉末可形成均相的 CdS-G-GO 悬浮液。

③ 大尺寸的还原石墨烯片更易控制 CdS 纳米颗粒（1～2nm 直径）的分布。PL 荧光测试表明，此法所制无支撑的光电 CdS-G-GO 宏观复合薄膜，有较好的光电性能，有望应用于薄膜太阳能电池、传感器和二极管等装置中。

4.4 石墨烯/金属硫化物复合薄膜的应用

世界能源日趋贫乏，石油、煤、天然气等各种燃料以及各种化工原料均为不可再生资源，但却以惊人的速度持续消耗，在这种严峻的能源形势下，各类新型能源亟待开发。其中超级电容器因具有出色的脉冲充放电性能以及传统电容器所不具备的大容量储能性能而引起了国内外研究者的广泛关注。包括石墨烯及其复合材料，导电聚合物，具有优良电化学性能的金属硫化物、金属氧化物及其复合材料等均被看做制备超级电容器的潜在电极材料而受到关注。

金属硫化物纳米材料独特而优异的性能已经引起国内外学者们的广泛研究，对其电化学性能的研究也开始发展起来，然而纳米材料的高表面能使其极易团聚，性能受到较大的影响。为此人们开始转向两种或多种优良性能的基体材料组成的石墨烯/金属硫化物复合薄膜，以期获得具有高能量密度和功率密度等优异性能的超级电容器基体材料，从而获得高效性的储能材料。

参考文献

[1] Wang J. L., Ma L., Yuan Q. H., et al. Transition-metal-catalyzed unzipping of single-walled carbon nanotubes into narrow graphene nanoribbons at low temperature [J]. Angew. Chem. Int. Edit., 2011, 50 (35): 8041-8045.

[2] Cheng J. S., Zhang G. C., Du J. H., et al. New role of graphene oxide as active hydrogen donor in the recyclable palladium nanoparticles catalyzed ullmann reaction in environmental friendly ionic liquid/supercritical carbon dioxide system [J]. J. Mater. Chem., 2011, 21

(10): 3485-3494.

[3] Narayanan R., Deepa M., Srivastava A. K. Nanoscale connectivity in a TiO_2/CdSe quantum dots/functionalized graphene oxide nanosheets/Au nanoparticles composite for enhanced photoelectrochemical solar cell performance [J]. Phys. Chem. Chem. Phys., 2012, 14 (2): 767-778.

[4] Lee Y. L., Lo Y. S. Highly efficient quantum-dot-sensitized solar cell based on co-sensitization of CdS/CdSe [J]. Adv. Funct. Mater., 2009, 19 (4): 604-609.

[5] Nalepka K., Nalepka P. Analysis of quantum efficiency of thin film solar cell based on formulated additive model [J]. Arch. Metall. Mater., 2009, 54 (1): 225-232.

[6] Khandpekar M. M., Pati S. P. Growth and characterisation of new non linear optical material alpha-glycine sulpho-nitrate (GLSN) with stable dielectric and light dependent properties [J]. Opt. Commun., 2010, 283 (13): 2700-2704.

[7] Wang S. M., Hu L. G., Zhuo J., et al. Optical controlled switch behaviour of the ZnS∶Cu and $SrAl_2O_4$∶Eu phosphors [J]. Chinese. Phys. Lett., 2005, 22 (10): 2523-2525.

[8] Burr E. P., Pantouvaki M., Seeds A. J., et al. Wavelength conversion of 1.53μm-wavelength picosecond pulses in an ion-implanted multiple-quantum-well all-optical switch [J]. Opt. Lett., 2003, 28 (6): 483-485.

[9] Yoon H., Lee J., Park D. W., et al. Preparation and electrorheological characteristic of CdS/Polystyrene composite particles [J]. Colloid. Polym. Sci., 2010, 288 (6): 613-619.

[10] Jacob J. A., Biswas N., Mukherjee T., et al. Detection of shallow electron traps in quantum-sized CdS particles using dithiolenes [J]. Res. Chem. Intermediat., 2008, 34 (1): 31-41.

[11] Wang D. S., He J. B., Rosenzweig N., et al. Superparamagnetic Fe_2O_3 Beads-CdSe/ZnS quantum dots core-shell nanocomposite particles for cell separation [J]. Nano. Lett., 2004, 4 (3): 409-413.

[12] Yamamoto O., Sasamoto T., Inagaki M. Preparation of crystalline CdSe particles by chemical bath deposition [J]. J. Mater. Res., 1998, 13 (12): 3394-3398.

[13] Gu Z. G., Yang S. P., Li Z. J., et al. An ultrasensitive hydrogen peroxide biosensor based on electrocatalytic synergy of graphene-gold nanocomposite, CdTe-CdS core-shell quantum dots and gold nanoparticles [J]. Anal. Chim. Acta., 2011, 701 (1): 75-80.

[14] Lee J. M., Yi J., Lee W. W., et al. ZnO nanorods-graphene hybrid structures for enhanced current spreading and light extraction in GaN-based light emitting diodes [J]. Appl. Phys. Lett., 2012, 100 (6): 368.

[15] Chen L. Y., Yang Z. S., Chen C. Y., et al. Cascade quantum dots sensitized TiO_2 nanorod arrays for solar cell applications [J]. Nanoscale, 2011, 3 (12): 4940-4942.

[16] Blase X., Adessi C., Biel B., et al. Conductance of functionalized nanotubes, graphene and nanowires: from ab initio to mesoscopic physics [J]. Phys. Status. Solidi. B, 2010, 247 (11-

12): 2962-2967.

[17] Liao L., Lin Y. C., Bao M. Q., et al. High-speed graphene transistors with a self-aligned nanowire gate [J]. Nature, 2010, 467 (7313): 305-308.

[18] Xie P., Xiong Q. H., Fang Y., et al. Local electrical potential detection of DNA by nanowire-nanopore sensors [J]. Nat. Nanotechnol., 2012, 7 (2): 119-125.

[19] O'Brien P., Otway D. J., Smith-Boyle D. The importance of ternary complexes in defining basic conditions for the deposition of ZnS by aqueous chemical bath deposition [J]. Thin. Solid. Films., 2000, 361: 17-21.

[20] Lu M. Y., Su P. Y., Chueh Y. L., et al. Growth of ZnS nanocombs with ZnO sheath by thermal evaporation [J]. Appl. Surf. Sci., 2005, 244 (1-4): 96-100.

[21] Tanninen V. P., Oikkonen M., Tuomi T. Comparative-study of the crystal phase, crystallite size and microstrain in electroluminescent ZnS-Mn films grown by atomic layer epitaxy and electron-beam evaporation [J]. Thin. Solid. Films., 1983, 109 (3): 283-291.

[22] Bohac P., Jastrabik L., Chvostova D., et al. The optical-properties of GeO_2, ZnS and Ge films produced by Rf-Sputtering [J]. Vacuum, 1990, 41 (4-6): 1466-1468.

[23] Lopez M. C., Espinos J. P., Martin F., et al. Growth of ZnS thin films obtained by chemical spray pyrolysis: The influence of precursors [J]. J. Cryst. Growth, 2005, 285 (1-2): 66-75.

[24] Yeung K. M., Tsang W. S., Mak C. L., et al. Optical studies of ZnS: Mn films grown by pulsed laser deposition [J]. J. Appl. Phys., 2002, 92 (7): 3636-3640.

[25] Yano S., Schroeder R., Ullrich B., et al. Absorption and photocurrent properties of thin ZnS films formed by pulsed-laser deposition on quartz [J]. Thin. Solid. Films., 2003, 423 (2): 273-276.

[26] Kim G. B., Ramaraj B., Yoon K. R. A new strategy to assemble CdSe/ZnS quantum dots with multi-walled carbon nanotubes for potential application in imaging and photosensitization [J]. Appl. Surf. Sci., 2011, 258 (3): 1027-1032.

[27] Chen P., Xiao T. Y., Li H. H., et al. Nitrogen-doped graphene/ZnSe nanocomposites: Hydrothermal synthesis and their enhanced electrochemical and photocatalytic activities [J]. ACS. Nano., 2012, 6 (1): 712-719.

[28] Nair R. R., Wu H. A., Jayaram P. N., et al. Unimpeded permeation of water through helium-leak-tight graphene-based membranes [J]. Science, 2012, 335 (6067): 442-444.

[29] Wang K., Liu Q. A., Wu X. Y., et al. Graphene enhanced electrochemi-luminescence of CdS nanocrystal for H_2O_2 sensing [J]. Talanta, 2010, 82 (1): 372-376.

[30] Cao A. N., Liu Z., Chu S. S., et al. A Facile One-step method to produce graphene-CdS quantum dot nanocomposites as promising optoelectronic materials [J]. Adv. Mater., 2010, 22 (1): 103-107.

[31] Nethravathi C., Nisha T., Ravishankar N., et al. Graphene-nanocrystalline metal sulphide

composites produced by a one-pot reaction starting from graphite oxide [J]. Carbon, 2009, 47 (8): 2054-2059.

[32] Wang P., Jiang T. F., Zhu C. Z., et al. One-step, solvothermal synthesis of graphene-CdS and graphene-ZnS quantum dot nanocomposites and their interesting photovoltaic properties [J]. Nano. Res., 2010, 3 (11): 794-799.

[33] Geng X. M., Niu L., Xing Z. Y., et al. Aqueous-processable noncovalent chemically converted graphene-quantum dot composites for flexible and transparent optoelectronic films [J]. Adv. Mater., 2010, 22 (5): 638-642.

[34] Gudarzi M. M., Sharif F.. Self assembly of graphene oxide at the liquid-liquid interface: A new route to the fabrication of graphene based composites [J]. Soft. Matter., 2011, 7 (7): 3432-3440.

[35] Zhang L. M., Xia J. G., Zhao Q. H., et al. Functional graphene oxide as a nanocarrier for controlled loading and targeted delivery of mixed anticancer drugs [J]. Small, 2010, 6 (4): 537-544.

[36] Gomez-Navarro C., Weitz R. T., Bittner A. M., et al. Electronic transport properties of individual chemically reduced graphene oxide sheets [J]. Nano. Lett., 2007, 7 (11): 3499-3503.

[37] Joung D., Chunder A., Zhai L., et al. High yield fabrication of chemically reduced graphene oxide field effect transistors by dielectrophoresis [J]. Nanotechnology, 2010, 21 (16): 165202.

[38] Sheng K. X., Xu Y. X., Li C., et al. High-performance self-assembled graphene hydrogels prepared by chemical reduction of graphene oxide [J]. New. Carbon. Mater., 2011, 26 (1): 9-15.

[39] Lu T., Pan L. K., Nie C. Y., et al. A green and fast way for reduction of graphene oxide in acidic aqueous solution via microwave assistance [J]. Phys. Status. Solidi. A, 2011, 208 (10): 2325-2327.

[40] Narayanan T. N., Liu Z., Lakshmy P. R., et al. Synthesis of reduced graphene oxide-Fe_3O_4 multifunctional freestanding membranes and their temperature dependent electronic transport properties [J]. Carbon, 2012, 50 (3): 1338-1345.

[41] Zhang B. Q., Ning W., Zhang J. M., et al. Stable dispersions of reduced graphene oxide in ionic liquids [J]. J. Mater. Chem., 2010, 20 (26): 5401-5403.

[42] Song Y. M., Yoon M., Jang S. Y., et al. Size and phase controlled synthesis of CdSe/ZnS core/shell nanocrystals using ionic liquid and their reduced graphene oxide hybrids as promising transparent optoelectronic films [J]. J. Phys. Chem. C, 2011, 115 (31): 15311-15317.

[43] Dharmadhikari A. K., Kumbhojkar N., Dharmadhikari J. A., et al. Studies on third-harmonic generation in chemically grown ZnS quantum dots [J]. J. Phys-Condens. Mat., 1999, 11 (5): 1363-1368.

[44] Li Y. D., Ding Y., Zhang Y., et al. Photophysical properties of ZnS quantum dots [J]. J. Phys. Chem. Solids., 1999, 60 (1): 13-15.

[45] Li Q., Wang C. R. Fabrication of wurtzite ZnS nanobelts via simple thermal evaporation [J]. Appl. Phys. Lett., 2003, 83 (2): 359-361.

[46] Liu Y. Z., Li Y. F., Yang Y. G., et al. The effect of thermal treatment at low temperatures on graphene oxide films [J]. New. Carbon. Mater., 2011, 26 (1): 41-45.

[47] Liu Q., Li Y., Zhang L. Y., et al. Comparative studies on electrocatalytic activities of chemically reduced graphene oxide and electrochemically reduced graphene oxide noncovalently functionalized with Poly (methylene blue) [J]. Electroanal, 2010, 22 (23): 2862-2870.

[48] Kim Y. T., Han J. H., Hong B. H., et al. Electrochemical synthesis of CdSe quantum-dot arrays on a graphene basal plane using mesoporous silica thin-film templates [J]. Adv. Mater., 2010, 22 (4): 515-519.

[49] Huang H. J., Wang X. Graphene nanoplate-MnO_2 composites for supercapacitors: A controllable oxidation approach [J]. Nanoscale, 2011, 3 (8): 3185-3191.

[50] Kavian R., Vicenzo A., Bestetti M. Growth of carbon nanotubes on aluminium foil for supercapacitors electrodes [J]. J. Mater. Sci., 2011, 46 (5): 1487-1493.

[51] Kim T. Y., Lee H. W., Stoller M., et al. High-performance supercapacitors based on Poly (ionic liquid)-modified graphene electrodes [J]. ACS. Nano., 2011, 5 (1): 436-442.

[52] Sun Y. Q., Wu Q., Shi G. Q. Supercapacitors based on self-assembled graphene organogel [J]. Phys. Chem. Chem. Phys., 2011, 13 (38): 17249-17254.

[53] Pham H. D., Pham V. H., Oh E. S., et al. Synthesis of polypyrrole-reduced graphene oxide composites by in-situ photopolymerization and its application as a supercapacitor electrode [J]. Korean. J. Chem. Eng., 2012, 29 (1): 125-129.

[54] Shen J. F., Yan B., Li T., et al. Mechanical, thermal and swelling properties of poly (acrylic acid)-graphene oxide composite hydrogels [J]. Soft. Matter., 2012, 8 (6): 1831-1836.

[55] Stankovich S., Piner R. D., Nguyen S. T., et al. Synthesis and exfoliation of isocyanate-treated graphene oxide nanoplatelets [J]. Carbon, 2006, 44 (15): 3342-3347.

[56] Hirai T., Bando Y., Komasawa I. Immobilization of CdS nanoparticles formed in reverse micelles onto alumina particles and their photocatalytic properties [J]. J. Phys. Chem. B, 2002, 106 (35): 8967-8970.

[57] Cao Y. W., Lai Z. L., Feng J. C., et al. Graphene oxide sheets covalently functionalized with block copolymers via click chemistry as reinforcing fillers [J]. J. Mater. Chem., 2011, 21 (25): 9271-9278.

[58] Chen J. L., Yan X. P., Meng K., et al. Graphene oxide based photoinduced charge transfer label-free near-infrared fluorescent biosensor for dopamine [J]. Anal. Chem., 2011, 83 (22): 8787-8793.

[59] Kim Y. T., Han J. H., Hong B. H., et al. Electrochemical synthesis of CdSe quantum-dot arrays on a graphene basal plane using mesoporous silica thin-film templates [J]. Adv. Mater., 2010, 22 (4): 515-519.

[60] Min S. X., Lu G. X. Preparation of CdS/graphene composites and photocatalytic hydrogen generation from water under visible light irradiation [J]. Acta. Phys-Chim Sin., 2011, 27 (9): 2178-2184.

[61] Mukhopadhyay S., Voggu R., Narayan K. S. Lateral photocurrent scanning of donor and acceptor polymers on graphene coated substrates [J]. Jpn. J. Appl. Phys., 2011, 50 (6).

[62] Myers M., Cooper J., Pejcic B., et al. Functionalized graphene as an aqueous phase chemiresistor sensing material [J]. Sensor. Actuat. B-Chem., 2011, 155 (1): 154-158.

[63] Negishi R., Hirano H., Ohno Y., et al. Thickness control of graphene overlayer via layer-by-layer growth on graphene templates by chemical vapor deposition [J]. Jpn. J. Appl. Phys., 2011, 50 (6).

[64] Ning G. Q., Fan Z. J., Wang G., et al. Gram-scale synthesis of nanomesh graphene with high surface area and its application in supercapacitor electrodes [J]. Chem. Commun., 2011, 47 (21): 5976-5978.

[65] Ponomareva K. Y., Kosobudsky I. D., Tret'yachenko E. V., et al. Synthesis and properties of CdS nanoparticles in a polyethylene matrix [J]. Inorg. Mater., 2007, 43 (11): 1160-1166.

第5章 一步法制备ZnO/还原石墨烯纳米复合材料及应用

进入 21 世纪后，化石燃料逐渐枯竭，人们的环保意识日益增强，对可再生环境友好型能源的需求也变得更为迫切。与此同时，电子产业如计算机、通信、自动化等的高速发展给人们的生活带来了巨大的便利，电子器件微型化的同时其性能也越来越好。太阳能电池、超级电容器（supercapacitors）等新型能源器件的研发已引起了科研工作者的广泛关注[1-5]。目前，碳质纳米材料如活性炭、碳纳米管、炭气凝胶和杂化炭材料等，已成为电极的常用材料之一[6-10]。

在各种碳质纳米结构材料中，石墨烯具有优越的电子传导性、热稳定性以及优良的机械性能，理论比表面积高达 $2630g/m^2$。Stoller 等[11]报道，化学改性石墨烯在有机和水性电解质中的比电容分别为 $99F/g$ 和 $135F/g$，这一电容值仍较低，从而限制了其实际应用。近来，科研工作者通过在电极材料中添加金属氧化物如 RuO_2[12] 和 MnO_2[13] 等以增加其赝电容。这样，材料的总电容可兼具金属氧化物所提供的赝电容和炭材料提供的双电层电容。但是大部分金属氧化物由于低储藏量而使得成本较高。

氧化锌（ZnO）的能带隙和激子束缚能较大，透明度高，具有优异的常温发光性能，并已在半导体领域的液晶显示器、薄膜晶体管、发光二极管等产品中均有应用[14]。此外，微颗粒的 ZnO 作为一种纳米材料也开始在太阳能电池、气体传感器等相关领域发挥作用[15,16]。Zhang 等[17]通过电化学沉积法制备出石墨烯-ZnO 纳米复合材料。

本章以氧化石墨粉为原料，通过一步法制备氧化锌-石墨烯（ZnO-G）纳米电极复合材料，通过 XRD、SEM 及 TEM 等测试手段表征 ZnO-G 纳米复合材料的结构及性能，并系统探讨其在电化学储能方面的应用。此外，还探讨了 ZnO-G 纳米复合材料的生成机理，以期获得微结构和电化学性能可控的电极材料。

5.1 样品的制备

采用改进 Hummers 法制备氧化石墨，与 3.1.1 部分方法相同。采用室温下一步法制备氧化锌-石墨烯（ZnO-G）纳米复合材料，具体方法如下。

将氧化石墨粉碎，称取一定量的氧化石墨粉加入去离子水中，配制成浓度为 1.5mg/mL 的悬浮液，经超声处理 1h 后，置于 5000r/min 的离心机中离心处理除去其中少量杂质，得到均匀稳定的氧化石墨烯（GO）悬浮液。将 10mL 质量分数为 25% 的氨水加入 10mL 1.5mg/mL GO 悬浮液中，超声分散使之混合均匀。然后将 0.1g 锌粉在边超声边搅拌时连续缓慢地加入上述悬浮液中。锌粉加入完毕后，棕黄色的 GO 悬浮液立即变成黑色絮状物。然后将其静置 1h，此时样品标记为 ZnO-G-1，再加入一定量的 KOH 粉末，使之混合均匀后再静置 24h 以除去多余的 Zn。反应结束后依次将样品用丙酮和无水乙醇充分洗涤、过滤，将所得黑色粉末置于 60℃ 的真空烘箱中干燥 24h 后，即得 ZnO-G 纳米复合材料，标记为 ZnO-G-24。图 5-1 为一步法制备 ZnO-G 纳米复合材料的过程。

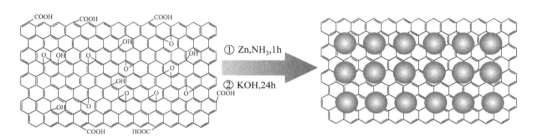

图 5-1　一步法制备 ZnO-G 纳米复合材料的过程（①和②为处理样品顺序）

5.2　电化学性能测试

采用三电极体系在 6mol/L KOH 溶液中对样品进行循环伏安和恒流充放电测试。活性物质电极、铂电极、饱和甘汞电极分别作为工作电极、对电极和参比电极。工作电极的制备方法如下：将质量分数 95% 的活性物质（所制 ZnO-G-1 或 ZnO-G-24）和 5% 聚四氟乙烯均匀混合，然后将混合好的活性物质均匀涂敷在 1cm² 的镍网上，120℃ 真空干燥 12h，在压片机上以 10MPa 压力压成片。循环伏安和恒流充放电测试在 CHI760D 电化学工作站上进行，循环伏安区间电位为 −0.9～0V（饱和甘汞电极）。恒流充放电的电流密度范围为 0.1～10A/g。

5.3 性能和机理

5.3.1 性能研究与分析

5.3.1.1 X射线衍射(XRD)分析

首先采用 XRD 对 GO、ZnO-G-1、ZnO-G-24 和 ZnO 纳米材料的晶体结构进行表征分析,如图 5-2 所示。从 GO 曲线上可以看出,其特征衍射峰位于 $2\theta=11.98°$ 处,这是由于石墨烯的表面引入了大量的含氧官能团所致[18,19]。在所制备的 ZnO-G-1 和 ZnO-G-24 纳米复合材料中,GO 的特征峰消失,而在 $2\theta=24°$ 处出现一个新的宽峰。这表明反应过程脱除了 GO 表面大部分的含氧官能团,同时在复合材料中生成无序的还原石墨烯片层结构[20,21]。

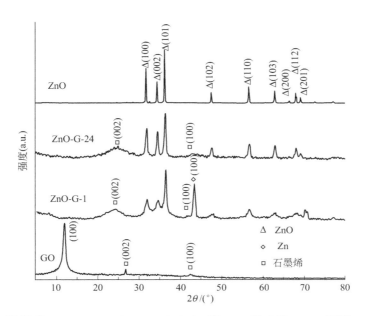

图 5-2 GO、ZnO-G-1、ZnO-G-24 和 ZnO 粉末的 XRD 图谱

此外,可以观察到 ZnO-G-1 和 ZnO-G-24 纳米复合材料在 $2\theta=31.8°$、

34.4°、36.3°、47.5°、56.6°、62.9°和 68.1°处出现的特征峰分别对应于 ZnO 的(101)、(102)、(110)、(103)、(200)、(112)和(201)晶面，表明这些纳米颗粒为还原反应过程中引入的六方氧化锌晶体结构(JCPDS-No.89-0511)[22,23]。在 ZnO-G-1 纳米复合材料中，可以观察到在 $2\theta = 43.5°$ 处出现一个较强的衍射峰，这是由纳米复合材料中残余的锌粉所致。同时可以明显看出，经 KOH 溶液处理后的 ZnO-G-24 纳米复合材料的 XRD 曲线中没有 Zn、$Zn(OH)_2$ 等杂质的特征衍射峰。通过 Scherrer 公式计算，在 ZnO-G-24 纳米复合材料上所分布的 ZnO 纳米颗粒大小约为 14nm。

5.3.1.2 TGA 分析

采用 TG-DSC 对 ZnO-G-24 纳米复合材料热稳定性进行考察，样品在氮气气氛保护下以 10℃/min 的速率加热至 1000℃。如图 5-3 所示，随着温度的升高，从样品 TG 曲线可以看出样品逐渐失重直到 770℃，这与文献报道[24]的纯石墨烯在 N_2 气氛中的热失重行为一致，说明化学还原石墨烯的热稳定性比天然鳞片差[25,26]。质量损失通常可归因于石墨烯表面残余（或吸附）的溶剂挥发和石墨烯表面有机功能基团的分解。从图中可以看出在 820℃左右有个明显的质量损失峰，这应是石墨烯表面 ZnO 的热分解所致。

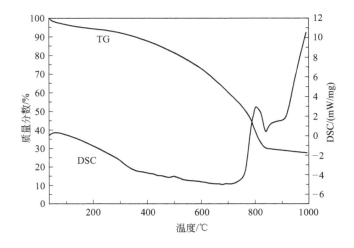

图 5-3 ZnO-G-24 纳米复合材料的 TG-DSC 曲线

5.3.1.3 扫描电子显微镜（SEM）和透射电子显微镜（TEM）分析

为了观察经锌粉/氨水体系还原后所得 ZnO-G-24 纳米复合材料的形貌，采用 SEM 进行观察，如图 5-4(a)、(b) 所示。从 SEM 图片上可以看出，石墨烯已被剥离成单片，其片层较薄，具有较好的透光性，且呈现出较大横向尺寸（从几百纳米至几微米）。由于石墨烯具有较大的比表面积和长径比，为了保持其热力学稳定性，其本身会自发卷曲，以降低其较大的表面能，因而图中石墨烯边缘呈现出少许褶皱[27]。尺寸较小的 ZnO 纳米颗粒可均匀地分布在石墨烯片的表面，这是由石墨烯片上残留的含氧官能团所致。大部分石墨烯片层缠绕交织成三维网络结构，这可增加液/固界面的有效面积，以

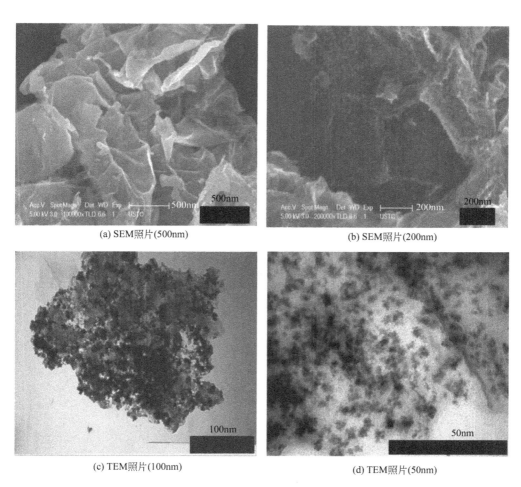

(a) SEM照片(500nm)　　(b) SEM照片(200nm)

(c) TEM照片(100nm)　　(d) TEM照片(50nm)

图 5-4　ZnO-G-24 纳米复合材料在不同分辨率下的 SEM 和 TEM 图片

提供一种适于电解质离子快速进出的通道，因而可形成双电层。为了进一步分析其形貌，采用 TEM 对 ZnO-G-24 纳米复合材料微观形貌进行观察，如图 5-4（c）、(d) 所示。由 TEM 照片可知，ZnO-G-24 纳米复合材料是由单层的二维石墨烯片和 ZnO 纳米颗粒组成的。由图可知，吸附于石墨烯片上的 ZnO 纳米颗粒的尺寸在 10~15nm 之间，这与 XRD 的结果一致。

5.3.1.4　原子力显微镜（AFM）分析

为了更精确地表征锌粉/氨水体系一步法所得 ZnO-G-24 纳米复合材料的片层微观形貌，将 ZnO-G-24 置于乙二醇中超声分散，取上层悬浮液涂覆在清洗后的载玻片上，采用 AFM 观察样品的表面形貌（图 5-5）。可以清楚地看到复合材料中的石墨烯表面出现较多亮斑，这是由于石墨烯表面生成大量的 ZnO 纳米颗粒所致［图 5-5（a）］。如图 5-5（b）所示，样品较厚（2~4nm）是由 ZnO 纳米粒子覆盖在石墨烯表面所致，这些纳米颗粒的直径为 10~15nm。复合材料中的石墨烯是由单层、双层石墨烯片组成的。AFM 得出的结果与 SEM、TEM 和 XRD 的表征基本一致。

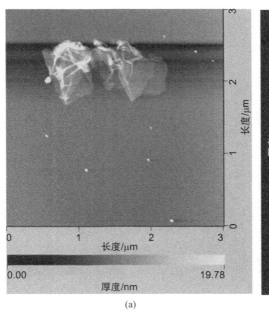

(a)

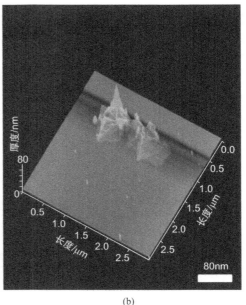

(b)

图 5-5　ZnO-G-24 纳米复合材料的 AFM 图

5.3.1.5 X射线光电子能谱（XPS）分析

采用XPS表征GO的还原程度和ZnO颗粒在石墨烯片上的形成情况，XPS的全谱图见图5-6。所制ZnO-G-1和ZnO-G-24纳米复合材料均主要由碳元素组成。

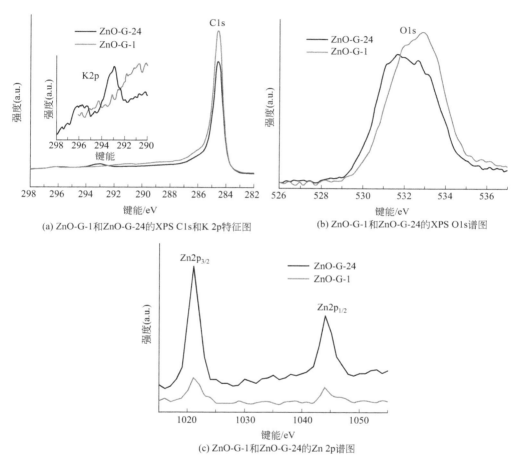

(a) ZnO-G-1和ZnO-G-24的XPS C1s和K 2p特征图

(b) ZnO-G-1和ZnO-G-24的XPS O1s谱图

(c) ZnO-G-1和ZnO-G-24的Zn 2p谱图

图5-6　ZnO-G-1和ZnO-G-24XPS C1s和K 2p的特征图、XPS O1s谱图及Zn 2p谱图

从图5-6(a)可看出，ZnO-G-1纳米复合材料的C1s谱图位于286eV和290eV尾，可归因于含氧官能团和能量损失震动性质。有趣的是，加入KOH后，ZnO-G-24样品中的这些含氧官能团大部分被还原，且在292eV和296eV处出现两个新峰，这是K2p的特征峰，是残留的钾所致[28]。从图

5-6(b) 可看出，与 ZnO-G-1（533eV）样品的 O1s 峰相比，ZnO-G-24 样品的 O1s 峰蓝移至 532eV 处，这可归因于 ZnO 所提供的氧元素。如图 5-6(c) 所示，Zn $2p_{3/2}$ 和 Zn $2p_{1/2}$ 的结合能分别位于 1022.2eV 和 1044eV 处，表明 ZnO 纳米颗粒已成功地吸附于石墨烯片上。与 ZnO-G-1 相比，ZnO-G-24 样品的特征峰更宽、更强烈，这表明经 KOH 后处理后残留的 Zn 粉已转变成 ZnO 纳米颗粒。

5.3.1.6 拉曼及光致荧光光谱分析

拉曼谱图是常用于研究炭素材料结晶度、结构和缺陷等特征的一种重要手段。GO、ZnO-G-1 和 ZnO-G-24 纳米复合材料的拉曼谱图如图 5-7(a) 所

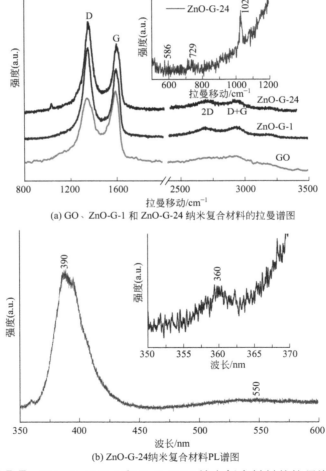

(a) GO、ZnO-G-1 和 ZnO-G-24 纳米复合材料的拉曼谱图

(b) ZnO-G-24 纳米复合材料PL谱图

图 5-7 GO、ZnO-G-1 和 ZnO-G-24 纳米复合材料的拉曼谱图及 ZnO-G-24 纳米复合材料 PL 谱图

示。与 GO 相比，可以观察到 ZnO-G-1 和 ZnO-G-24 纳米复合材料的 D 峰和 G 峰强度比（I_D/I_G，D 带是声子散射的缺陷峰，G 指石墨烯 G 带）明显增加，这说明 sp^2 区域的晶粒尺寸减小，GO 片上、下表面及侧面的大部分含氧官能团被脱除，同时部分 sp^3 结构转变成 sp^2 结构。

研究发现剥离的单层石墨烯的 G 峰位于 $1585cm^{-1}$ 处，而 2~6 层堆积成的石墨烯则向低波数位移约 $6cm^{-1}$。而且，单层石墨烯的 2D 峰位于 $2679cm^{-1}$ 处，而数层石墨烯（2~4 层）却向高波数位移 $19cm^{-1}$[29]。如图 5-7(a) 所示，ZnO-G-24 纳米复合材料的 G 峰和 2D 峰分别位于 $1587cm^{-1}$ 和 $2692cm^{-1}$ 处，表明经 KOH 处理后，形成了大量的单层石墨烯片。从图 5-7(a) 的插图中可看出，ZnO-G-24 纳米复合材料位于 $586cm^{-1}$ 处出现一个典型拉曼峰，这是由 ZnO 的 A1 模式中 Lo 声子所致。同时，在 $729cm^{-1}$ 出现另一低强度峰，说明 ZnO-G-24 样品是以 C 轴取向多晶，但也存在不同取向的小区域或不相配的晶体[30,31]。此外，在 $1029cm^{-1}$ 处出现了 ZnO 的二阶模式特征峰。这些结果进一步证明 ZnO 纳米颗粒已分布于石墨烯片上，同时与 XRD、XPS、TEM、AFM 的表征结果相符。

图 5-7(b) 为 ZnO-G-24 纳米复合材料在 325nm 处激发所得的 PL 谱图。由图可知，在 360nm 处和 380nm 处分别出现一个弱峰和一个强峰。与块体 ZnO 的激发谱图相比，ZnO-G-24 复合材料的带边缘激发谱图蓝移至 380nm 处，这是由量子限域效应及晶格上存在高含量缺陷引起的[32,33]。图 5-7(b) 中所插入的 PL 谱图在 360nm 处出现一个弱的紫外冷光峰，这是因重组辐射所致。ZnO 与石墨烯复合后，ZnO-G-24 纳米复合材料位于约 550nm 处与表面缺陷相关的低强度激发峰完全被湮灭。

5.3.1.7 电化学分析

为了探索 ZnO-G 纳米复合材料的应用性能，采用循环伏安法和恒流充放电测试样品在超级电容器方面的应用，如图 5-8 和书后彩图 8 所示。

书后彩图 8(a) 为 ZnO-G-24 纳米复合材料在不同扫描速率下的伏安（CV）曲线。由图可知，ZnO-G-24 纳米复合材料在不同的扫描速率下 CV 曲线呈现近似矩形结构，表明电荷能较好地聚集在电极表面而呈现较好的电容行为[34]。彩图 8(b) 为 ZnO-G-24 样品的充放电曲线图，从图中可看出，此样品呈现对称的三角形形状，表明充、放电过程具有可逆性[35]。在扫描速率为 2mV/s 时，ZnO-G-24 复合电极的电容达到 192F/g。这表明总电容中包含着石墨烯贡献的双电层电容以及 ZnO 纳米贡献的赝电容。图 5-8 为 ZnO-G-1 和 ZnO-G-24 纳米复合材料在 $10^{-2} \sim 10^5$ Hz 间的阻抗曲线图。交流阻抗曲线主要由两部分组成：半圆区代表的反应阻抗部分以及斜线区代表的扩散阻抗部分。与 ZnO-G-1 纳米复合材料相比，ZnO-G-24 在高频区的半圆弧比较小，且在低频的阻抗图的斜率大大增加，并趋于纯电容[36]。这说明在 ZnO 纳米颗粒和导电的石墨烯间电荷的转移非常迅速。从 Nyquist 图上 x 轴的交点可获得 ZnO-G-1 和 ZnO-G-24 纳米复合材料的等效串联电阻分别为 1.97Ω 和 0.81Ω。这表明室温下，ZnO-G-1 纳米复合材料通过 KOH 后处理可得到进一步脱氧还原，电容增加明显。这与 XPS 分析结果一致。此法所制备的 ZnO-G 纳米复合材料具有较高的比电容，有望用于超级电容器等器件中。

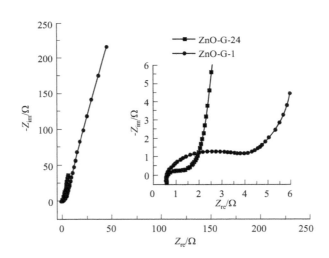

图 5-8 ZnO-G-1 和 ZnO-G-24 纳米复合材料在频率范围 $10^{-2} \sim 10^5$ Hz 间的阻抗

5.3.2 生成机理

锌-氧化石墨烯（Zn-GO）原电池还原 GO 的机理可考虑为：在 Zn-GO 原电池中，Zn 作阳极，GO 作阴极，氨水溶于水中作电解质液，组成一个电化学系统[37]。在制备 ZnO-G 纳米复合材料的实验中，通过表征发现，在石墨烯片的表面吸附着 ZnO 纳米颗粒以及未反应的 Zn 颗粒。为了除去多余的 Zn 颗粒，笔者在反应体系中加入 KOH 进行后处理。Zn 颗粒上的电子被释放［式（5-1）］，形成活泼 H·［式（5-2）］和［$Zn(NH_3)_4$］$^{2+}$［式（5-3）］，这使得 Zn 颗粒不断地溶解而使反应继续进行。在数秒内，由于 H·的存在，GO 被还原成石墨烯。在式(5-1) 中，锌氨络合离子与过量的 OH^- 反应生成 $Zn(OH)_2$。通过式(5-6)，ZnO 纳米颗粒在石墨烯表面生成，最终得到 ZnO-G-24 纳米复合材料。由此可看出，OH^- 在生成 ZnO 纳米颗粒过程中起着非常重要的作用。

$$Zn-2e^- = Zn^{2+} \tag{5-1}$$

$$NH_4^+ + e^- = NH_3 + H· \tag{5-2}$$

$$Zn^{2+} + 4NH_3 = [Zn(NH_3)_4]^{2+} \tag{5-3}$$

$$GO + 2H· = G + H_2O \tag{5-4}$$

$$[Zn(NH_3)_4]^{2+} + 2OH^- = Zn(OH)_2 \tag{5-5}$$

$$Zn(OH)_2 \longrightarrow ZnO + H_2O \tag{5-6}$$

利用一步法制备出 ZnO-G 纳米复合材料，同时实现了对 GO 的化学还原。利用 XRD、FTIR、拉曼、XPS、TEM、SEM、AFM 等手段对 ZnO-G 纳米复合材料样品进行了分析。根据实验结果，可知经锌粉/氨水处理后，GO 上的大量含氧官能团尤其是环氧基功能团被脱除，可实现有效的还原，同时制备出高质量的 ZnO-G 纳米复合材料。其中锌可同时作为还原剂和锌源，且生成的 ZnO 纳米颗粒能均匀地分布在石墨烯片上，其平均粒径约为 14nm。通过电化学分析测试表明，所制备的复合电极在扫描速率为 2mV/s 时比电容可达 192F/g，并具有较高的电导率和循环使用寿命。此法是一种快速、环保、简易且可实现批量制备石墨烯-金属氧化物纳米复合材料的新型有效方法。

5.4 石墨烯/金属氧化锌纳米复合薄膜的应用

石墨烯/金属氧化锌纳米复合薄膜本身或者经过元素掺杂，会对易燃易爆气体、有毒有害气体敏感，因此，可以制成各种各样的气体敏感元件。具体而言，纯氧化锌薄膜材料对一些氧化还原性的气体敏感，掺杂钯元素的材料对丙酮气体、酒精气体具有很好的探测性。据此,可以制备检测酒精等物质含量的探测器,经掺杂等元素的材料可以探测易燃性气体。另外,石墨烯/金属氧化锌纳米复合薄膜还可作为活性剂用于橡胶或电缆工业,极大地提高了产品质量,抗摩擦着火、防老化,延长产品寿命,降低企业的生产成本;在工业合成氨、制备氧气及甲醇气等生产领域普遍使用;在药品制造业、软膏或橡皮膏业也有应用;还可以用于白色染料,用于染印、造纸、火柴等工业。其主要用于橡胶或电缆工业作补强剂和活性剂,也作白色胶的着色剂和填充剂,在氯丁橡胶中用作硫化剂等。石墨烯/金属氧化锌也可用于生产婴儿爽身粉等产品,是一种无毒的无机物,人体不会对其产生排异反应,因而安全性高。此外,氧化锌纳米粒子的体积小,具有不妨碍细胞活动的优点。

参考文献

[1] Kavan L., Yum J. H., Gratzel M. Optically Transparent cathode for dye-sensitized solar cells based on graphene nanoplatelets [J]. ACS. Nano., 2011, 5 (1): 165-172.

[2] Sima M., Enculescu I., Sima A. Preparation of graphene and its application in dye-sensitized solar cells [J]. Optoelectron. Adv. Mat., 2011, 5 (3-4): 414-418.

[3] Cruz R., Tanaka D. A. P., Mendes A. Reduced graphene oxide films as transparent counter-electrodes for dye-sensitized solar cells [J]. Sol. Energy., 2012, 86 (2): 716-724.

[4] Chen Y., Zhang X., Zhang D. C., et al. High power density of graphene-based supercapacitors in ionic liquid electrolytes [J]. Mater. Lett., 2012, 68: 475-477.

[5] Li J., Xie H. Q., Li Y., et al. Electrochemical properties of graphene nanosheets/polyaniline nanofibers composites as electrode for supercapacitors [J]. J. Power. Sources., 2011, 196 (24): 10775-10781.

[6] Davies A., Yu A. P. Material advancements in supercapacitors: From activated carbon to carbon nanotube and graphene [J]. Can. J. Chem. Eng., 2011, 89 (6): 1342-1357.

[7] Sun X. Z., Zhang X., Zhang D. C., Ma YW. Activated carbon-based supercapacitors using Li_2SO_4 aqueous electrolyte [J]. Acta. Phys-Chim. Sin., 2012, 28 (2): 367-372.

[8] Fan Z. J., Yan J., Wei T., et al. Asymmetric supercapacitors based on graphene/MnO_2 and activated carbon nanofiber electrodes with high power and energy density [J]. Adv. Funct. Mater., 2011, 21 (12): 2366-2375.

[9] Qin X., Durbach S., Wu G. T. Electrochemical characterization on RuO_2 center dot xH_2O/carbon nanotubes composite electrodes for high energy density supercapacitors [J]. Carbon, 2004, 42 (2): 451-453.

[10] Beguin F., Szostak K., Lillo-Rodenas M., et al. Carbon nanotubes as backbones for composite electrodes of supercapacitors [J]. Electronic. Properties. Synthetic Nanostructures., 2004, 723: 460-464.

[11] Stoller M. D., Park S. J., Zhu Y. W., et al. Graphene-based ultracapacitors [J]. Nano. Lett., 2008, 8 (10): 3498-3502.

[12] Park J. H., Ko J. M., Park O. O. Carbon nanotube/RuO_2 nanocomposite electrodes for supercapacitors [J]. J. Electrochem. Soc., 2003, 150 (7): A864-A867.

[13] Lei Z. B., Shi F. H., Lu L. Incorporation of MnO_2-coated carbon nanotubes between graphene sheets as supercapacitor electrode [J]. ACS. Appl. Mater. Interfaces., 2012, 4 (2): 1058-1064.

[14] Akhavan O. Graphene nanomesh by ZnO nanorod photocatalysts [J]. ACS. Nano., 2010, 4 (7): 4174-4180.

[15] Yi J., Lee J. M., Il Park W. Vertically aligned ZnO nanorods and graphene hybrid architectures for high-sensitive flexible gas sensors [J]. Sensor. Actuat. B-Chem., 2011, 155 (1): 264-269.

[16] Yang K. K., Xu C. K., Huang L. W., et al. Hybrid nanostructure heterojunction solar cells fabricated using vertically aligned ZnO nanotubes grown on reduced graphene oxide [J]. Nanotechnology, 2011, 22 (40): 405401.

[17] Zhang Y. P., Li H. B., Pan L. K., et al. Capacitive behavior of graphene-ZnO composite film for supercapacitors [J]. J. Electroanal. Chem., 2009, 634 (1): 68-71.

[18] Eda G., Chhowalla M. Chemically derived graphene oxide: Towards large-area thin-film electronics and optoelectronics [J]. Adv. Mater., 2010, 22 (22): 2392-2415.

[19] Shen J. F., Shi M., Ma H. W., et al. Synthesis of hydrophilic and organophilic chemically modified graphene oxide sheets [J]. J. Colloid. Interf Sci., 2010, 352 (2): 366-370.

[20] Joung D., Chunder A., Zhai L., et al. High yield fabrication of chemically reduced graphene oxide field effect transistors by dielectrophoresis [J]. Nanotechnology, 2010, 21 (16): 165202.

[21] Bagri A., Mattevi C., Acik M., et al. Structural evolution during the reduction of chemically derived graphene oxide [J]. Nat. Chem., 2010, 2 (7): 581-587.

[22] Xu C., Kim B. S., Lee J. H., et al. Seed-free electrochemical growth of ZnO nanotube arrays on single-layer graphene [J]. Mater. Lett., 2012, 72: 25-28.

[23] Xu J., Liu C. H., Wu Z. F. Direct electrochemistry and enhanced electrocatalytic activity of hemoglobin entrapped in graphene and ZnO nanosphere composite film [J]. Microchim. Acta., 2011, 172 (3-4): 425-430.

[24] Dubin S., Gilje S., Wang K., et al. A One-step, solvothermal reduction method for producing reduced graphene oxide dispersions in organic solvents [J]. ACS. Nano., 2010, 4 (7): 3845-3852.

[25] Li W. W., Geng X. M., Guo Y. F., et al. Reduced graphene oxide electrically contacted graphene sensor for highly sensitive nitric oxide detection [J]. ACS. Nano., 2011, 5 (9): 6955-6961.

[26] Wobkenberg P. H., Eda G., Leem D. S., et al. Reduced graphene oxide electrodes for large area organic electronics [J]. Adv. Mater., 2011, 23 (13): 1558-1562.

[27] Kuila T., Bose S., Khanra P., et al. A green approach for the reduction of graphene oxide by wild carrot root [J]. Carbon, 2012, 50 (3): 914-921.

[28] Zhu Y. W., Murali S., Stoller M. D., et al. Carbon-based supercapacitors produced by activation of graphene [J]. Science, 2011, 332 (6037): 1537-1541.

[29] Chunder A., Liu J. H., Zhai L. Reduced graphene oxide/Poly (3-hexylthiophene) supramolecular composites [J]. Macromol. Rapid. Comm., 2010, 31 (4): 380-384.

[30] Demiroglu I., Stradi D., Illas F., et al. A theoretical study of a ZnO graphene analogue: adsorption on Ag (111) and hydrogen transport [J]. J. Phys-Condens. Mat., 2011, 23 (33): 334215.

[31] Wang J., Gao Z., Li Z. S., et al. Green synthesis of graphene nanosheets/ZnO composites and electrochemical properties [J]. J. Solid. State. Chem., 2011, 184 (6): 1421-1427.

[32] Zhang Y. P., Li H. B., Pan L. K., et al. Capacitive behavior of graphene-ZnO composite film for supercapacitors [J]. J. Electroanal. Chem., 2009, 634 (1): 68-71.

[33] Lu T., Zhang Y. P., Li H. B., et al. Electrochemical behaviors of graphene-ZnO and graphene-SnO_2 composite films for supercapacitors [J]. Electrochim. Acta., 2010, 55 (13): 4170-4173.

[34] Lu T., Pan L. K., Li H. B., et al. Microwave-assisted synthesis of graphene-ZnO nanocomposite for electrochemical supercapacitors [J]. J. Alloy. Compd., 2011, 509 (18): 5488-5492.

[35] Qian Y., Lu S. B., Gao F. L. Preparation of MnO_2/graphene composite as electrode material for supercapacitors [J]. J Mater Sci. 2011, 46 (10): 3517-3522.

[36] Zhao B., Song J. S., Liu P., et al. Monolayer graphene/NiO nanosheets with two-dimension structure for supercapacitors [J]. J. Mater. Chem., 2011, 21 (46): 18792-18798.

[37] Liu Y. Z., Li Y. F., Zhong M., et al. A green and ultrafast approach to the synthesis of scalable graphene nanosheets with Zn powder for electrochemical energy storage [J]. J. Mater. Chem., 2011, 21 (39): 15449-15455.

第6章

改性石墨烯/酚醛树脂复合材料的制备及应用

酚醛树脂（phenolic resin，PR）是常用的复合材料的基体树脂，广泛应用于交通、电子电气和航空航天等领域。树脂炭为三维交联结构的难石墨化碳源。Kobayashi K. 等[1]用 X 射线衍射研究了酚醛树脂在热处理过程中的结构变化，发现即使在高达 3000℃ 温度下，也无法得到理想的石墨结构的（002）衍射峰，而是复杂的多峰。众所周知，加入过渡金属如 Cr、Co、Fe、Mn、Ni、Ca、Ti、V、W、Mo 和 Y 等，以促进非石墨化炭的石墨化，称之为催化石墨化[2-5]。然而，这些元素残留在树脂中成为缺陷，影响其进一步的应用。因此，有必要寻找一种促进石墨化的纯净填料。石墨烯的出现有可能解决这一问题。石墨烯纳米复合材料成为了近年来的研究热点。石墨烯比表面积大、表面化学基团丰富、离子交换能力强、导热性能优异，这些特点赋予石墨烯/聚合物纳米复合材料高强度、高模量、高导热等优越性能，而其成本却比碳纳米管复合材料低很多[6-10]。近年来，湖南大学首次采用氧化石墨烯来提高呋喃树脂的石墨化度，有一定的效果[11]。

本章以氧化石墨粉（GO）、化学还原氧化石墨烯（RGO）乙醇悬浮液、低温热还原石墨烯粉（graphene nanosheets powder，GNs）为添加剂，利用浇注法制备了氧化石墨烯/酚醛树脂（GO/PR）、还原氧化石墨烯/酚醛树脂（RGO/PR）、石墨烯粉/酚醛树脂（GNs/PR）复合材料，然后进行高温热处理。通过 XRD、SEM 及 TEM 等测试手段考察了 GO、RGO、GNs 对其酚醛树脂基复合材料的结构及性能的影响。

6.1 样品的制备

6.1.1 低温热还原法制备石墨烯粉

低温热还原法制备石墨烯（GNs）的过程与吕伟等[12]报道的方法类似。将前期制备的氧化石墨粉置于磁舟内，然后将磁舟放入样品管中，于真空条件下以 30℃/min 的升温速率升温至 300℃ 后，以 10℃/min 速率升温至 600℃ 再自然冷却，在升温期间，氧化石墨粉的体积明显膨胀且含氧官能团大部分被脱除，最终得到黑色轻质状 GNs。

6.1.2 石墨烯/酚醛树脂复合材料制备

石墨烯/酚醛树脂复合材料的制备先采用溶液混合后浇注成型的方法，具体过程如下。

取一定量的石墨烯类纳米填料如 GO、RGO 或 GNs，将其分散于无水乙醇溶剂中，经超声波振荡 1h 以进一步剥离成单片，然后加入 PR，超声 1h。为了混合均匀及溶剂的挥发，将共混物置于磁力搅拌器中，于 70℃ 下边搅拌边加热。然后将共混物在真空干燥炉中保温 60℃，进行多次抽真空脱气后，浇注于成型模具中。将成型的复合材料样品在 80℃ 下预固化 1h，120℃ 下固化 0.5h，175℃ 下热处理 1h。为了对比研究，GO、RGO 及 GNs 的用量根据其与 PR 的质量比进行调整，从而制备 GO/PR、RGO/PR、GNs/PR 复合材料。同时，以石墨粉（graphite powder，GP）为填料制备石墨粉/酚醛树脂（GP/PR）复合材料作为对比，制备方法同上。

图 6-1 为溶液混合法制备改性石墨烯/酚醛树脂复合材料过程示意。

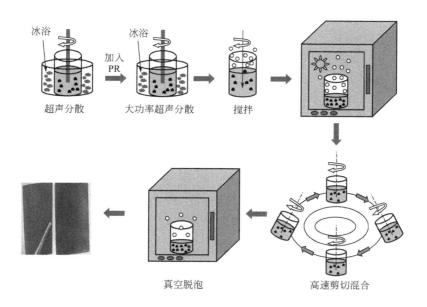

图 6-1 溶液混合法制备改性石墨烯/酚醛树脂复合材料过程示意

6.1.3　样品的高温热处理

将 GO/PR、RGO/PR、GNs/PR 复合材料置于石墨化炉中，高温热处理按以下程序进行。

1700℃热处理：以 3℃/min 的升温速率从室温升温至 400℃后，以 5℃/min 的升温速率升温至 1700℃，恒温 20min，自然冷却。

2000℃热处理：以 3℃/min 升温速率从室温升温至 400℃后，以 5℃/min 升温速率升温至 1800℃，以 5℃/min 升温速率升温至 2000℃，恒温 20min，自然冷却。

3000℃热处理：以 10℃/min 升温速率从室温升温至 3000℃，恒温 20min，自然冷却。

6.2　性能研究与分析

6.2.1　复合材料固化后结构与性能

6.2.1.1　扫描电子显微镜（SEM）分析

众所周知，纳米填料易团聚，若在聚合物基体中分散不均，往往会成为材料的潜在应力集中点，从而使该材料的性能降低，因此如何使 GO、RGO 及 GNs 在基体中均匀分散是一个至关重要的问题[13,14]。通过对 GP/PR、GO/PR、RGO/PR、GNs/PR 复合材料断面进行形貌观察来表征这些石墨烯类纳米填料在树脂基体中的分散性。

图 6-2 为制备的酚醛树脂基纳米复合材料液氮低温处理后的断面 SEM 图。图 6-2 (a)、(b) 为 GP/PR 复合材料的断面图，可以看出 GP 以团聚的块状分布在基体中，且存在许多孔洞，表明 GP 与 PR 不能有效插层，界面结合不好。从图 6-2(c) 中 RGO/PR 复合材料断面整体形貌图可知，RGO 在树脂基体内分布比较均匀，但仍有部分区域有聚集现象。从局部放大图 6-2(d) 中可看出，直径为 2～4μm 的石墨烯片在基体中突起，这主要是因

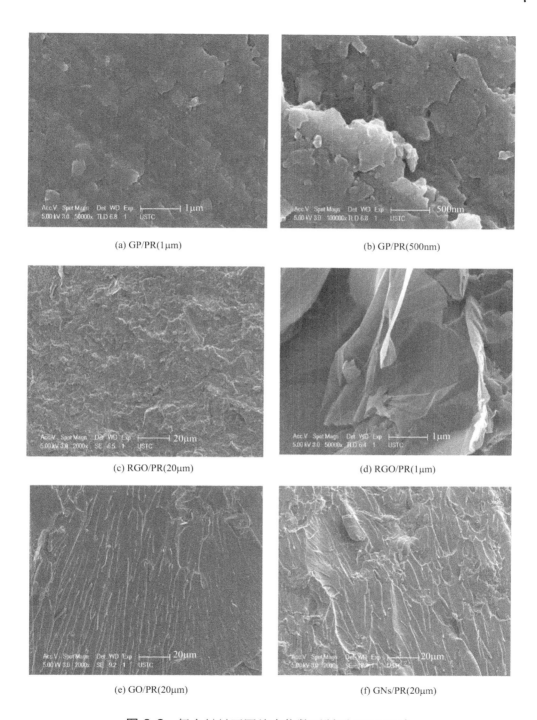

图 6-2 复合材料不同放大倍数下断面 SEM 照片

其中纳米填料质量分数均为 0.5%

为超声波处理分散 RGO 乙醇悬浮液的同时，也可能导致 RGO 团聚成束。从 GO/PR 复合材料的断面［如图 6-2（e）］可知，GO 在乙醇中经超声后可得到很好的剥离，并在树脂基体内均匀分布，使断面有一定的拉丝现象，表明 GO 与 PR 界面结合较好，可以起到增强骨架的作用[15]。图 6-2(f) 显示 GNs 以褶皱形态在树脂基体内呈现无序鱼鳞状，分布较为均匀，拉丝现象更明显，表明树脂沿着石墨烯的"骨架"结构形成大量的褶皱，GNs 与 PR 界面互锁性能良好。由此可推断，GO、RGO、GNs 都能经超声作用并以高剥离的片层在 PR 基体中有较好的分散性且呈无规则取向，而 GP 则不能剥离且分散性差，与树脂基体间浸润性差。

6.2.1.2　X 射线衍射（XRD）分析

采用 XRD 进一步表征 GP、RGO、GO 及 GNs 在 PR 基体中的分散性和取向性，如图 6-3 所示。

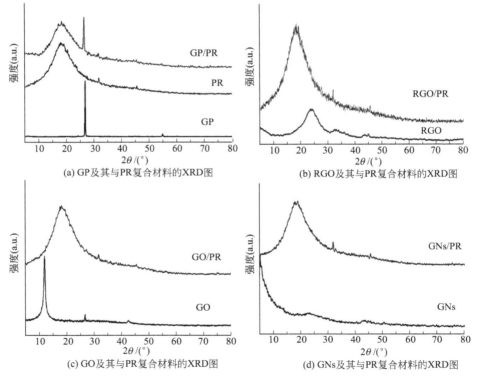

(a) GP 及其与 PR 复合材料的 XRD 图
(b) RGO 及其与 PR 复合材料的 XRD 图
(c) GO 及其与 PR 复合材料的 XRD 图
(d) GNs 及其与 PR 复合材料的 XRD 图

图 6-3　GP、RGO、GO、GNs 及其与 PR 复合材料的 XRD 图
其中纳米填料的质量分数均为 1%

图 6-3(a) 为 GP、PR 及 GP/PR 的 XRD 图。从图中可看出，在 PR 基体中加入 GP 所得复合材料的 XRD 曲线中既有 GP 原料的特征峰（$2\theta=26.4°$，$d=0.34\text{nm}$），也有位于 $2\theta=18.2°$ 处的 PR 特征峰[16,17]。这表明 GP 在复合材料中的晶格不变，未剥离，与 SEM 分析结果相符。从图 6-3(b) 和(d) 可看出，RGO 和 GNs 的特征峰位于 $2\theta=24°$ 左右，与 PR 复合后只显示 PR 的特征峰，说明 RGO 和 GNs 以高剥离态分散在基体中[8,9,14,18]。从图 6-3(c) 中可看出，GO/PR 复合材料中无 GO 的特征峰（$2\theta=11.8°$），表明 GO 在 PR 基体中分散较均匀。但在 $2\theta=26.6°$ 处有一弱峰，这可能是因为 GO 在溶液共混时 PR 中的醛基对其进行了部分脱氧，也可能是因为在固化过程中进行了部分还原而出现少量片层堆积，这也可从 GO/PR 固化后样品外观呈黑色来推断。

6.2.1.3 TGA 分析

为了评价复合材料的热行为，在氮气气氛下进行热重分析测试，如图 6-4 所示。

从图 6-4 中可看出所有样品在 350℃前的热重变化趋势基本相似，失重较为缓慢，并且应该是水、甲醛和苯酚等小分子挥发所致[19]。在 350~900℃，所有样品失重加快，525℃ 左右为失重拐点，体系主要发生某些端基或侧基的消除反应，主链也开始裂解。然后出现一个失重速率保持相对稳定的区域，这是样品主链发生断链、裂解的过程。

从图 6-4(a) 中可看出，与纯 PR 样品相比，加入 5％的 GP 所得 GP/PR 复合材料在 900℃ 时的残炭率增加 4.4％。图 6-4(b) 和 (d) 显示仅加入 0.3％的 RGO 和 GNs 后的 RGO/PR、GNs/PR 复合材料的残炭率分别提高 4.3％和 4.72％，这表明极少量的 RGO 或 GNs 能提高 PR 的热稳定性，可能是由于它们在基体中分散均匀，结合较牢，这与 SEM、XRD 分析相吻合。由于 RGO 比 GNs 含氧官能团多，使其复合材料的残炭率略低。图 6-4(c) 为不同含量 GO 增强 PR 所得 GO/PR 复合材料的 TGA 曲线。含量为 0.3％ GO 的复合材料在 600℃ 前失重率小于纯 PR，900℃ 时残炭率低于纯 GO，可能是由于 GO 骨架上大量官能团裂解所致[8]。为了证实这点，加大 GO 的含量至 7％，发现其热稳定性高于纯 PR。以上结果表明，纳米级分散的石墨烯片层分散在树脂基体中，可能对于氧气和热量均具有一定的阻隔作用，因此可以有效地缓解树脂受热分解过程，从而提高 PR 的耐热性能。

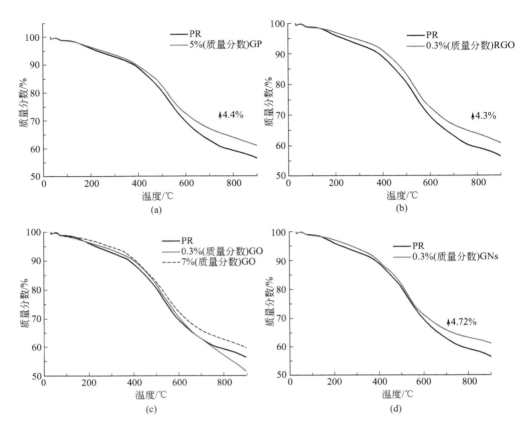

图 6-4 PR、GP/PR、GO/PR、RGO/PR 和 GNs/PR 的热重曲线

6.2.2 热处理后材料结构与性能

6.2.2.1 透射电子显微镜（TEM）分析

图 6-5 为 PR 及含量分别为 0.5% 和 7% GO 的 GO/PR 复合材料经 2000℃热处理的 HRTEM 图。

从图 6-5(a) 可看出，PR 的织构为典型的无规则取向的炭。加入 0.5%GO 后的复合材料仍为无规则取向，但晶格条纹略增加。如图 6-5 (c) 和 (d) 所示，当 GO 含量增加至 7% 时，出现较规律的晶格条纹，表明高含量的 GO 对酚醛树脂炭化过程向有序石墨层结构转变起了明显的作用。

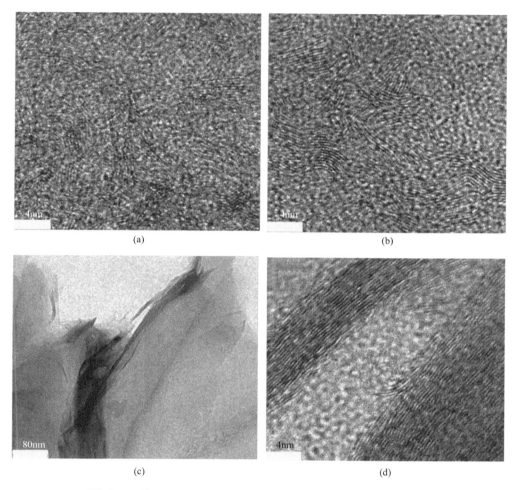

图 6-5　纯 PR、0.5% GO/PR、7% GO/PR 复合材料 2000℃ 热处理的高分辨 HRTEM 图

6.2.2.2　X 射线衍射（XRD）分析

采用 XRD 表征高温热处理对复合材料结构的影响，其结果如图 6-6 所示。从图 6-6(a) 可看出，纯 PR 经 1700℃ 热处理后，层间距 d_{002} 为 3.5896Å（$1Å=10^{-9}$m，下同），而加入 0.3% 填料后所得的复合材料层间距依次减小，GNs/PR＜RGO/PR＜GO/PR。随着热处理温度的升高，所有样品的层间距减小。如图 6-6(b) 所示，GO/PR 的层间距减小幅度略大，且当 GO 含量增加至 7% 时，其层间距明显减小，石墨化度达 72.1%。这表明在 2000℃ 范围内，采用 GO、RGO 和 GNs 改性 PR 后，对层间距减小有

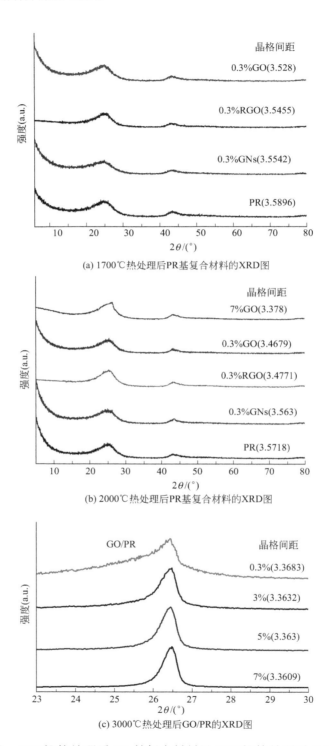

图 6-6　1700℃、2000℃ 热处理后 PR 基复合材料及 3000℃ 热处理后 GO/PR 的 XRD 图

促进作用[20]。从图 6-6(c) 可知，将 GO/PR 样品于 3000℃ 热处理后，层间距随着 GO 含量的增加而减小。当 GO 含量为 7% 时，GO/PR 样品的层间距为 3.3609Å，石墨化度达 92%。由于温度对树脂层间距的作用最显著，在 3000℃ 高温时，GO、RGO、GNs 对其层间距的减小几乎不明显。

6.2.3 机理分析

采用溶液共混法制备 PR 基纳米复合材料，经≤2000℃ 高温热处理，其层间距减小，如图 6-7 所示。根据微晶成长理论与 GO 无金属催化相结合，层间距减小的可能原因有以下几个方面：

① GO 与 PR 基体物理、化学结合牢固，结构稳定，堆叠成层；

② RGO、GNs 官能团相对较少，结合不够牢固，可能扭曲成团，形成缺陷，妨碍碳网平面有序排列；

③ GO 作晶核，树脂为壳，碳网以 GO 片为骨架扭转重排；

④ GO 片有催化活性，且 C/O 原子比越小，催化活性增强，故 GO 加速石墨化过程的效果最好。

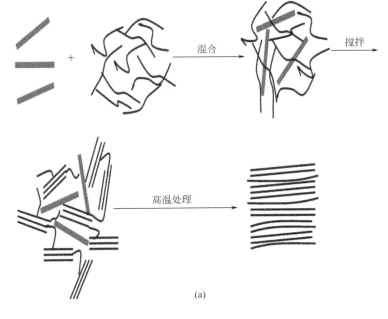

(a)

图 6-7

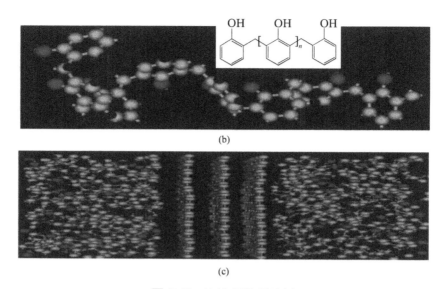

图 6-7　热处理机理分析

同时，随着温度升高，六元环碳网层面增加，同时碳网层逐渐长大，表现为树脂基玻璃炭中所含的微晶石墨片层逐渐变得规整、有序，但从整体上看其有序度仍很有限，只是一种短程有序结构，不能达到真正的石墨化炭。

本章采用溶液共混法制备了 GP/PR、GO/PR、RGO/PR、GNs/PR 纳米复合材料，并在 1700℃、2000℃、3000℃ 条件下进行热处理。GO、RGO、GNs 大部分以剥离单片/少层形态均匀分布于树脂中，其表面粗糙，可提高界面结合强度。低含量 RGO、GNs 的加入，比 GO 和 GP 更加有效提高树脂基体的耐热性。低于 2000℃ 条件下，RGO、GNs、GO 的加入能有效减小树脂基体的层间距，且高含量 GO 效果最明显。结合微晶生长理论及催化原理，提出 GO 等对树脂层间距减小的作用机理。

6.3　石墨烯/酚醛树脂复合材料的应用

石墨烯和氧化石墨烯的表面能比较高，若不对其进行表面处理，就会发生团聚，甚至重新堆积成石墨。故对石墨烯和氧化石墨烯进行表面改性并使其均匀分散于基体中增强氧化石墨烯与基体材料的界面作用在复合材料研究应用中至关重要。石墨烯特殊的结构赋予了它许多特殊的性能，其优异的导电性能、导热性能和机械性能可与碳纳米管相媲美，所以，它也可以像碳纳米管那样用作理想的填料来提高聚合物的导电性能、导热性能和机械性能，并且只需要较低含量的石墨烯就能显著提高复合材料所需要的性能。

酚醛树脂是最早工业化的合成树脂，从20世纪60年代起，它作为空间飞行器、导弹、火箭和超音速飞机的瞬时耐高温和耐烧蚀材料得以应用。经多年实践证明，传统的酚醛树脂是一种较好的耐烧蚀材料基体树脂。随着航空航天事业的迅速发展，要求烧蚀材料具有比以往更高的耐热性能和更好的耐烧蚀性能。在石墨烯/酚醛树脂复合材料方面的研究目前还较少。石墨烯纳米材料由于具有尺寸小、表面积大等特性，通过一些化学或者物理方法，可以与酚醛树脂形成较强的结合力，从而对酚醛树脂的物理化学性能起到良好的改性作用。因此，通过石墨烯纳米材料对酚醛树脂进行改性是一种可行性强、成本相对较低的实施方法。相信在这方面对酚醛树脂改性研究的不断深入，相应的改性品种会层出不穷，性能也异彩纷呈，从而使得石墨烯的应用领域不断得到扩展。由于其较高的碳含量和良好的炭化结构，一直是航空航天领域常用的烧蚀防热隔热材料。现代武器的发展不仅要求火箭弹或导弹具有高的打击精度，而且还要求其具有高的飞行速度和远程打击能力。利用高能发射药以提高火箭弹或导弹的飞行速度和飞行距离，必然使得固体火箭发动机的内壁面临长时间燃气烧蚀、高密度高速粒子流的冲刷及由此产生的高压和高过载。因此固体火箭发动机的内衬、喷管等部件采用石墨烯/酚醛树脂（PR）基复合材料不仅具有优良的耐烧蚀性能，而且还具有优良的力学性能。

参考文献

[1] Kobayashi, K., Sugawara, S., Toyoda, S., et al. An X-ray diffraction study of phenol-form-aldehyde resin carbons [J]. Carbon, 1968, 6 (3): 359-363.
[2] Yi, S., Fan, Z., Wu, C., et al. Catalytic graphitization of furan resin carbon by yttrium [J]. Carbon, 2008, 46 (2): 378-380.
[3] Tzeng, S. S., Lin, Y. H. The role of electroless Ni-P coating in the catalytic graphitization of PAN-based carbon fibers [J]. Carbon, 2008, 46 (3): 554-557.

[4] Yi, S., Wu, C., Fan, Z., et al. Catalytic graphitization of PAN-based carbon fibers by spontaneously deposited manganese oxides [J]. Transit. Met. Chem., 2009, 34 (5): 559-563.

[5] Shen, X. T., Li, K. Z., Li, H. J., et al. The effect of zirconium carbide on ablation of carbon/carbon composites under an oxyacetylene flame [J]. Corrosion. Sci., 2011, 53 (1): 105-112.

[6] Han, D. L., Yan, L. F., Chen, W. F., et al. Cellulose/graphite oxide composite films with improved mechanical properties over a wide range of temperature [J]. Carbohydr. Polym., 2011, 83 (2): 966-972.

[7] Wang, Y., Shi, Z. X., Fang, J. H., et al. Direct exfoliation of graphene in methanesulfonic acid and facile synthesis of graphene/polybenzimidazole nanocomposites [J]. J. Mater. Chem., 2011, 21 (2): 505-512.

[8] Yang, X. M., Li, L. A., Shang, S. M., et al. Synthesis and characterization of layer-aligned poly (vinyl alcohol) /graphene nanocomposites [J]. Polymer, 2010, 51 (15): 3431-3435.

[9] Hsiao, M. C., Liao, S. H., Yen, M. Y., et al. Preparation and properties of a graphene reinforced nanocomposite conducting plate [J]. J. Mater. Chem., 2010, 20 (39): 8496-8505.

[10] Compton, O. C., Kim, S., Pierre, C., et al. Crumpled graphene nanosheets as highly effective barrier property enhancers [J]. Adv. Mater., 2010, 22 (42): 4759-4763.

[11] Yi, S. J., Chen, J. H., Li, H. Y., et al. Effect of graphite oxide on graphitization of furan resin carbon [J]. Carbon, 2010, 48 (3): 926-928.

[12] Lv, W., Tang, D. M., He, Y. B., et al. Low-temperature exfoliated graphenes: vacuum-promoted exfoliation and electrochemical energy storage [J]. ACS. Nano., 2009, 3 (11): 3730-3736.

[13] Verdejo, R., Bernal, M. M., Romasanta, L. J., et al. Graphene filled polymer nanocomposites [J]. J. Mater. Chem., 2011, 21 (10): 3301-3310.

[14] Kim, H., Abdala, A. A., Macosko, C. W. Graphene/polymer nanocomposites [J]. Macromolecules, 2010, 43 (16): 6515-6530.

[15] Fang, M., Zhang, Z., Li, J. F., et al. Constructing hierarchically structured interphases for strong and tough epoxy nanocomposites by amine-rich graphene surfaces [J]. J. Mater. Chem., 2010, 20 (43): 9635-9643.

[16] Qiu, J. J., Wang, S. R. Enhancing polymer performance through graphene sheets [J]. J. Appl. Polym. Sci., 2011, 119 (6): 3670-3674.

[17] Ansari, S., Kelarakis, A., Estevez, L., et al. Oriented arrays of graphene in a polymer matrix by in situ reduction of graphite oxide nanosheets [J]. Small, 2010, 6 (2): 205-209.

[18] Kim, H., Miura, Y., Macosko, C. W. Graphene/polyurethane nanocomposites for improved gas barrier and electrical conductivity [J]. Chem. Mat., 2010, 22 (11): 3441-3450.

[19] Natali, M., Kenny, J., Torre, L. Phenolic matrix nanocomposites based on commercial grade resols: Synthesis and characterization [J]. Compos. Sci. Technol., 2010, 70 (4): 571-577.

[20] Desai, T. G., Lawson, J. W., Keblinski, P. Modeling initial stage of phenolic pyrolysis: Graphitic precursor formation and interfacial effects [J]. Polymer, 2011, 52 (2): 577-585.

第7章

改性石墨烯/酚醛树脂/碳纤维层次复合材料的制备及应用

第7章 改性石墨烯/酚醛树脂/碳纤维层次复合材料的制备及应用

碳纤维树脂基复合材料是以有机高分子材料为基体、碳纤维为增强材料，通过复合工艺制备而成，以其比模量大、比强度大、密度低等优点，一直是航空、航天、兵器等领域中使用的关键材料，受到各国的高度重视[1,2]。碳纤维增强树脂基复合材料中，碳纤维主要起承载、增强作用，而基体树脂则使复合材料成型为一个承载外力的整体，并通过界面传递载荷于碳纤维。酚醛树脂（PR）作为一种常用的基体树脂，具有洁净、阻燃、耐烧蚀、价廉易得、性能稳定等特点，在摩擦、磨阻材料中广泛应用，但由于纯酚醛树脂存在脆性大、使用温度低等问题，通常需通过改性来提高其耐热性和力学性能[3,4]。通过化学改性手段研究具有较高热稳定性能的酚醛树脂已成为摩擦材料黏结剂发展的一个重要方向。聚合物基纳米复合材料具有纳米材料的表面效应、量子效应，并将无机物的刚性、尺寸稳定性和热稳定性与聚合物的韧性、加工性及介电性揉和在一起，从而产生许多特异的性能，具有广阔的应用前景[5,6]。

石墨烯是一种新型的二维纳米材料，不仅有优异的电学性能，而且质量轻、导热性好、比表面积大，且杨氏模量和断裂强度也可与碳纳米管相媲美[7-9]。此外，石墨烯为最硬、最韧的材料，原料易得、价格便宜，有望代替碳纳米管成为聚合物基碳纳米复合材料的优质填料[10]。

本章将氧化石墨粉（GO）、化学还原石墨烯（RGO）乙醇悬浮液及热还原石墨烯粉（GNs）分别加入PR和聚丙烯腈碳纤维布（CF）中，制备GO/PR/CF、RGO/PR/CF、GNs/PR/CF层次复合材料，以期改善复合材料的力学性能、耐磨性能等。

7.1 层次复合材料试样的制备

层次复合材料试样制备的具体过程如下。

一定量的石墨烯类纳米填料如 GO、RGO 或 GNs，将其分散于无水乙醇溶剂中，经超声波振荡 1h 以将其进一步剥离成单片，然后加入 PR，超声 1h。为了混合均匀及溶剂的挥发，将共混物置于磁力搅拌器中，于 70℃ 下边搅拌边加热。然后将共混物在真空干燥炉中于 60℃ 保温，进行多次抽真空脱气。最后将 GO/PR、RGO/PR 和 GNs/PR 共混物层层涂覆于碳纤维布

（CF，未进行任何表面处理）上，置于真空烘箱中除去多余的乙醇和水分。将 14 张 CF 按垂直（0°～90°）方向层层叠加，然后在小型热压机上进行热压成型，得到 GO/PR/CF、RGO/PR/CF、GNs/PR/CF 层次复合材料薄板材。另外，不加石墨烯类添加剂，制备 PR/CF 复合材料作对比。

模压条件：80℃1h、120℃0.5h、175℃1h，成型压力为 5MPa。其中，加入 GO、RGO、GNs 的质量分数以树脂质量计算。

7.2 性能研究与分析

7.2.1 扫描电子显微镜（SEM）分析

采用 SEM 观察 GO、RGO 乙醇悬浮液、GNs 改性碳纤维增强树脂复合材料的形貌，以了解这些填料的增强作用。图 7-1 为测试层次复合材料的弯曲性能后的纵截面 SEM 图。

图 7-1(a) 为纯 PR/CF 复合材料，可清楚观察到碳纤维上附着的树脂较少，排列不紧密。图 7-1(b) 为 GNs/PR/CF 层次复合材料，可以看出碳纤维全部包埋在树脂中，且树脂基体呈现拉丝状。对此拉丝状放大后［见图 7-1(d)］，可发现石墨烯片连接在碳纤维与基体之间，作为承担载荷传递的桥梁[11]。GO/PR/CF 复合材料中碳纤维大部分被 GO/PR 基体覆盖，呈梳形和拉丝状［见图 7-1(c)］。图 7-1(e) 为 RGO/PR/CF 复合材料 SEM 图，可以看出碳纤维一半被基体包埋，但由褶皱的 RGO/PR 基体相连，呈梳形。由此可推断，与纯 PR/CF 复合材料相比，在加入 GO、RGO 和 GNs 后的层次复合材料中，树脂基体与碳纤维骨架界面的结合程度得到增强。

图 7-2 为层次复合材料断面的 SEM 图。

图 7-2(a) 为纯 PR/CF 复合材料，可看出碳纤维上黏附的树脂较少、孔洞较多，且纤维拔出较长，表明材料断裂过程中，基体裂纹沿界面方向扩展得较长，基体传递载荷的作用发挥不充分，致使破坏很大程度发生在界面上，PR 和 CF 界面结合较差[12,13]。从图 7-2(b)～(d) 可看出，碳纤维上附

着的树脂基体较多、拔出的纤维较短且孔洞相对较少，出现台阶式的断裂形式，表明材料在断裂过程中，基体裂纹沿界面扩展得很短，沿基体方向扩展时穿过纤维，纤维和基体一起断裂，此时基体可将载荷很好地传递给纤维，破坏方式主要为树脂和纤维横向的综合作用。由此可推断加入 GO、RGO 及 GNs 后树脂与纤维间的相互作用有所增强。

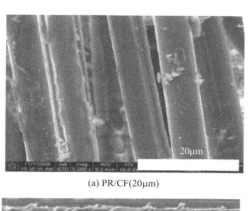
(a) PR/CF(20μm)

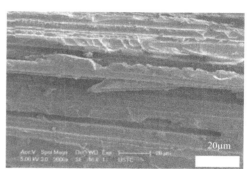
(b) GNs/PR/CF(20μm)

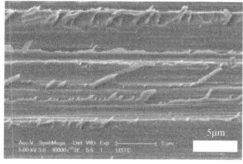
(c) GO/PR/CF(5μm)

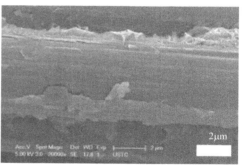
(d) GNs/PR/CF(2μm)

(e) RGO/PR/CF(10μm)

图 7-1　纯 PR/CF 及层次复合材料纵截面 SEM 图

图 7-2 纯 PR/CF 及层次复合材料断面 SEM 图

7.2.2 压缩性能

在碳纤维增强树脂复合材料的使用过程中不仅要考虑碳纤维与基体的界面结合性能，还要顾及其他力学性能的变化，使其整体性能得到更好的发挥。图 7-3(a) 为 PR/CF、GO/PR/CF、RGO/PR/CF 和 GNs/PR/CF 层次复合材料在填料含量分别为 0、0.1%（质量分数）、0.3%（质量分数）和 0.5%（质量分数）时与压缩强度关系的柱状图。纯 PR/CF 复合材料的压缩强度为 59.3MPa。与纯 PR/CF 材料相比，当纳米填料的含量仅为 0.1%

（质量分数）时，GNs/PR/CF、GO/PR/CF 和 RGO/PR/CF 层次复合材料的压缩强度分别提高了 178.9％、139.5％和 98.9％。从图 7-3(a) 中可看出，GNs/PR/CF、GO/PR/CF 和 RGO/PR/CF 层次复合材料的压缩强度均随纳米填料的增加而降低。图 7-3(b) 为所制备复合材料相应的压缩模量图。与纯 PR/CF 复合材料相比，当添加量为 0.1％（质量分数）时，GNs/PR/CF、GO/PR/CF 和 RGO/PR/CF 层次复合材料的压缩模量分别提高了 129.5％、120.5％和 95.5％。层次复合材料的压缩模量随着纳米填料含量

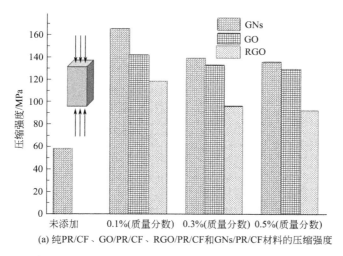

(a) 纯PR/CF、GO/PR/CF、RGO/PR/CF和GNs/PR/CF材料的压缩强度

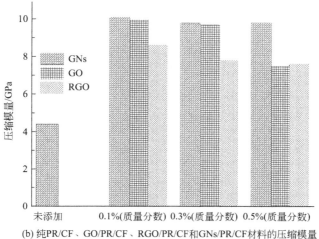

(b) 纯PR/CF、GO/PR/CF、RGO/PR/CF和GNs/PR/CF材料的压缩模量

图 7-3　纯 PR/CF、GO/PR/CF、RGO/PR/CF 和 GNs/PR/CF 材料的压缩强度及压缩模量

的增加而减小，但仍远高于纯 PR/CF 的模量。由于 GO、RGO 和 GNs 具有比表面积大、表面活性强且表面粗糙不平等特点，能以褶皱形态均匀分散在树脂中，与树脂和纤维形成交互连锁，能更有效地实现应力转移，因而加入含量极少的纳米填料，便可使复合材料的强度、模量均有明显提高[14-16]。另外，由于 GNs 剥离度和 C/O 原子比高，使复合材料在热压固化成型过程中含氧官能团部分气化而产生的孔洞较少，故 GNs/PR/CF 层次复合材料的压缩性能改善最为显著。当 GO、RGO 和 GNs 含量增加时，复合材料的压缩性能降低，可能是由于其含量增加时易团聚，使它们不易以单片或少层状均匀分散在复合材料中起到桥梁作用[17]。

7.2.3 弯曲性能

图 7-4 为纯 PR/CF、GO/PR/CF、RGO/PR/CF 和 GNs/PR/CF 材料的弯曲强度和弯曲模量随纳米填料含量变化的柱状图。

从图 7-4(a) 知，纯 PR/CF 材料的弯曲强度为 121.2MPa。加入 GO 和 GNs 后，复合材料的弯曲强度随填料含量的增加先升高后降低。这说明由于纳米填料含量增加，导致其团聚体不断出现而成为材料的缺陷，因此降低了复合材料的弯曲强度[18,19]。而 RGO/PR/CF 材料弯曲强度随 RGO 乙醇悬浮液含量变化几乎不明显。当 GNs、GO、RGO 含量为 0.3%（质量分数）时，层次复合材料的弯曲强度达到最大值，分别提高了 16.7%、7.3% 和 0.42%。图 7-4(b) 为复合材料的弯曲模量图。纯 PR/CF 材料的弯曲模量为 13GPa。当填料含量为 0.3%（质量分数）时，GNs/PR/CF、GO/PR/CF 和 RGO/PR/CF 材料的弯曲模量分别提高了 25.4%、7.7% 和 21.54%。这说明使用石墨烯作为复合材料增强体时，得益于石墨烯本身优异的力学性能，可以减少添加量，因而 GNs 和 RGO 对复合材料弯曲模量的改善效果优于 GO。整体而言，通过加入石墨烯类填料，层次复合材料的弯曲性能有一定的提高，是由于填料表面有活性官能团、比表面积大且具有褶皱的二维结构，可与树脂及碳纤维进行键合，能有效地在基体与纤维间传递载荷，因而弯曲性能得到一定的提高[20,21]，但效果不明显。

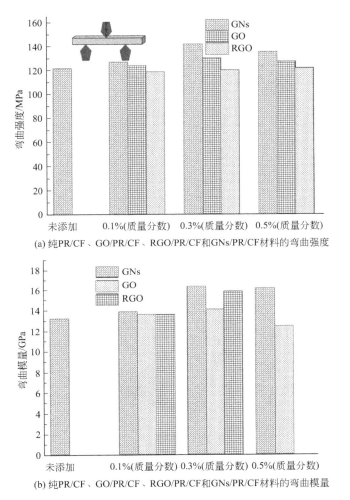

图 7-4　纯 PR/CF、GO/PR/CF、RGO/PR/CF 和 GNs/PR/CF
材料的弯曲强度及弯曲模量

7.2.4　摩擦性能

采用动态热机械分析（DMA）仪测试层次复合材料的耐磨性能。图 7-5 为纯 PR/CF、GO/PR/CF、RGO/PR/CF 和 GNs/PR/CF 层次复合材料随温度变化的储能模量（E'）关系图。E' 表示在形变过程中由于弹性形变而储存的能量，其相关热机械性能的数据列于表 7-1 中。从图 7-5(a) 和表 7-1 可看出，纯 PR/CF 材料的最大 E' 为 13746MPa。加入含量均为 0.3% 的

表 7-1 层次复合材料的热机械性能

填料和加载量/%（质量分数）	储能模量/MPa	T_g/℃
纯 PR/CF	13746	122.6
0.1GNs	15376	113.1
0.3GNs	15557	114.8
0.5GNs	18809	120
0.3GO	15425	115.2
0.3RGO	24070	102

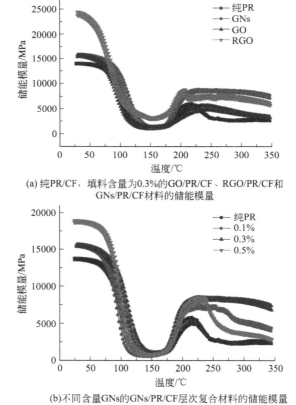

(a) 纯PR/CF，填料含量为0.3%的GO/PR/CF、RGO/PR/CF和GNs/PR/CF材料的储能模量

(b) 不同含量GNs的GNs/PR/CF层次复合材料的储能模量

图 7-5 纯 PR/CF，填料含量为 0.3% 的 GO/PR/CF、RGO/PR/CF 和 GNs/PR/CF 材料的储能模量及不同含量 GNs 的 GNs/PR/CF 层次复合材料的储能模量

GO、RGO 和 GNs 所得层次复合材料的最大 E' 分别为 15425MPa、24070MPa、15557MPa，均高于纯 PR/CF 材料。与纯 PR/CF 相比，RGO/PR/CF 层次复合材料的最大 E' 可提高 75.2%，具有较好的冲击强度和韧性。从图 7-5(b) 可以看出，当 GNs 含量从 0%（质量分数）增加至 0.5%（质量分数）时，GNs/PR/CF 层次复合材料的最大 E' 从 13746MPa 提高到 18809MPa。这是因为 GO、RGO 及 GNs 本身具有极高的弹性模量，可达约 1100GPa。这种高弹性模量的石墨烯片与 PR 分子链互相缠绕黏附，在材料的变形过程中可起到支撑作用[22,23]。此外，RGO/PR/CF 层次复合材料的弯曲模量显著提高，且 RGO 上含氧官能团数量比 GO 少很多，从而减少小分子的逸出所产生的孔洞，同时其官能团数量又比 GNs 少，使之有一定的活性，能与 PR 和 CF 结合良好，因而 E' 可明显得到提高。

根据聚合物分子运动与温度的关系理论，玻璃化转变反映了聚合物中链段由冻结到自由运动的转变，这个转变称为主转变。$\tan\delta$ 为固化材料结构转变的一个重要因子，是损耗模量与储能模量的比值。这段 $\tan\delta$ 急剧增大并出现极大值后再迅速下降，所以通常取 $\tan\delta$ 最大处的温度为玻璃化转变温度 T_g。从分子结构上讲，玻璃化转变温度是分子运动单元的运动模式所发生的变化，即链段运动随着温度升高被激发或温度降低被冻结的一种松弛现象。T_g 是聚合物的特征温度之一。树脂是以非晶态聚合物或部分结晶聚合物为基体，当聚合物发生玻璃化转变时，其物理机械性能会发生急剧的变化。

图 7-6 为含量仅为 0.3%（质量分数）的 GO、RGO、GNs 对层次复合材料 $\tan\delta$ 的影响。从图 7-6(a) 可以看出，纯 PR/CF 材料的 T_g 为 122.6℃。当分别添加 0.3%（质量分数）GO、GNs 和 RGO，层次复合材料的 T_g 分别降低至 115.2℃、114.8℃ 和 102℃。从图 7-6(b) 可知，随着 GNs 含量增加，GNs/PR/CF 复合材料的 T_g 逐渐升高，但当 GNs 含量为 0.5%（质量分数）时，其 T_g 值为 120℃，仍低于纯 PR/CF 复合材料。这是因为 GO、RGO 和 GNs 的加入，可降低 PR 的交联密度，从而导致固化的 PR 运动性增加[21,22,24,25]。但随着纳米填料含量继续增加以及超声作用，纳米填料可能会出现团聚，从而使复合材料的 T_g 呈现上升趋势。

采用热压成型工艺制备了 GO/PR/CF、RGO/PR/CF、GNs/PR/CF 层次复合材料。与纯 PR/CF 材料相比，当纳米填料的含量仅为 0.1%（质量分数)时,GNs/PR/CF、GO/PR/CF 和 RGO/PR/CF 层次复合材料的压缩强度分别提高了 178.9%、139.5% 和 98.9%,压缩模量分别提高了 129.5%、120.5% 和 95.5%,弯曲强度和弯曲模量也有一定的提高。与纯 PR/CF 相比,RGO/PR/CF 材料的最大 E' 可提高 75.2%,具有较好的抗冲击强度和韧性。加入 GO、GNs 和 RGO 后,层次复合材料的 T_g 均有所降低。

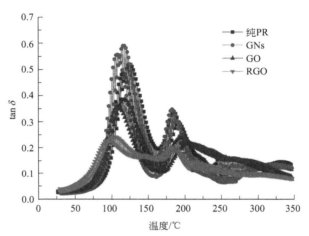

(a) 纯PR/CF,填料含量为0.3%的GO/PR/CF、RGO/PR/CF和GNs/PR/CF材料的tanδ

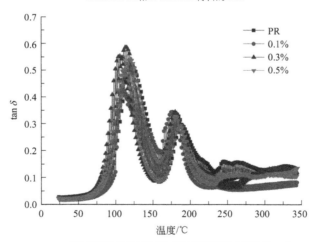

(b) 不同含量GNs的GNs/PR/CF层次复合材料的tanδ

图 7-6　纯 PR/CF,填料含量为 0.3% 的 GO/PR/CF、RGO/PR/CF 和 GNs/PR/CF 材料的 tanδ 及不同含量 GNs 的 GNs/PR/CF 层次复合材料的 tanδ

7.3 石墨烯/碳纤维/酚醛树脂复合材料的应用

石墨烯/碳纤维/酚醛树脂复合材料不仅在航空航天领域中得到广泛应用，而且还在核电、悬浮列车和机器人等方面得到应用。

现代武器的发展不仅要求火箭弹或导弹具有高的打击精度，而且还要求其具有高的飞行速度和远程打击能力。利用高能发射药以提高火箭弹或导弹的飞行速度和飞行距离必然使得固体火箭发动机的内壁面临长时间燃气烧蚀、高密度高速粒子流的冲刷及由此产生的高压和高过载。因此固体火箭发动机的内衬、喷管等部件用石墨烯/碳纤维/酚醛树脂不仅具有优良的耐烧蚀性能，而且还具有优良的力学性能。由石墨烯/碳纤维/酚醛树脂制备的复合材料双极板成为目前双极板具有发展前景的研究方向之一，国外已由开发研究向生产规模转化。石墨烯/碳纤维/酚醛树脂复合材料双极板具有和石墨相同的耐烧蚀性能，虽然聚合物树脂的含量较低，但复合材料基本上保持了聚合物的加工性能，可以通过典型的塑料加工技术如挤压、模压或注射工艺成型，流场可由复合材料直接压模而成。因此石墨烯/碳纤维/酚醛树脂双极板易于大规模生产、一次成型，可以大大降低双极板的生产成本。虽然复合材料双极板的电导率较机加工石墨板低得多，但其潜在的应用前景还是吸引了美国、德国等发达国家纷纷投入大量的人力、物力研究和开发石墨烯/碳纤维/酚醛树脂双极板。

参考文献

[1] Gaab, L., Koch, D., Grathwohl, G. Effects of thermal and themomechanical induced mechanical changes of C/C composites [J]. Carbon, 2010, 48 (10): 2980-2988.

[2] Shameel, Farhan., 李克智, 郭领军, 等. 密度和纤维取向对炭/炭复合材料烧蚀性能的影响 [J]. 新型炭材料, 2010, 25 (3): 161-167.

[3] Natali M, Kenny J, Torre. Phenolic matrix nanocomposites based on commercial grade resols: synthesis and characterization [J]. Compos Sci Technol, 2010, 70 (4): 571-577.

[4] 刘琳, 叶紫平, 胡楠. 修饰碳纳米管对树脂基摩擦材料力学性能的影响 [J]. 工程塑料应用, 2009, 37 (9): 13-17.

[5] 史丽萍，路琴，顾红艳，等. 纳米 SiO_2 粒子填充不饱和聚酯基复合材料的摩擦学性能 [J]. 材料科学与工程学报, 2011, 29 (1): 39-52.

[6] Yeh, M. K., Tai, N. H., Liu, J. H. Mechanical behavior of phenolic-based composites reinforced with multi-walled carbon nanotubes [J]. Carbon, 2006, 44 (1): 1-9.

[7] Singh, V., Joung, D., Zhai, L., et al. Graphene based materials: Past, present and future [J]. Prog. Mater. Sci., 2011, 56 (8): 1178-1271.

[8] Bai, H., Li, C., Shi, G. Q. Functional composite materials based on chemically converted graphene [J]. Adv. Mater., 2011, 23 (9): 1089-1115.

[9] Biswas, C., Lee, Y. H. Graphene versus carbon nanotubes in electronic devices [J]. Adv. Funct. Mater., 2011, 21 (20): 3806-3826.

[10] Lee, C. G., Wei, X. D., Kysar, J. W., et al. Measurement of the elastic properties and intrinsic strength of monolayer graphene [J]. Science, 2008, 321: 385-388.

[11] Yavari, F., Rafiee, M. A., Rafiee, J., et al. Dramatic increase in fatigue life in hierarchical graphene composites [J]. ACS. Appl. Mater. Interf., 2010, 2 (10): 2738-2743.

[12] Hughes, J. D. H. The carbon fiber/epoxy interface [J]. Compos. Sci. Technol., 1991, 41 (1): 13-45.

[13] 曾汉民. 树脂基复合材料界面工程 [M]. 北京: 清华大学出版社, 1990.

[14] Rafiee M A, Rafiee J, Wang Z, et al. Enhanced mechanical properties of nanocomposites at low graphene content [J]. ACS Nano, 2009, 3 (12): 3884-3890.

[15] Cai D Y, Song M. Recent advance in functionalized graphene/polymer nanocomposites [J]. J Mater Chem, 2010, 20 (37): 7906-7915.

[16] Kim H, Macosko C W. Morphology and properties of polyester/exfoliated graphite nanocomposites [J]. Macromol, 2008, 41 (9): 3317-3327.

[17] Kim H, Miura Y, Macosko C W. Graphene/polyurethane nanocomposites for improved gas barrier and electrical conductivity [J]. Chem Mater, 2010, 22 (11): 3441-3450.

[18] Kim H, Macosko C W. Processing-property relationships of polycarbonate/ graphene composites [J]. Polymer, 2009, 50 (15): 3797-3809.

[19] Zhang, X. L., Shen, L., Xia, X., et al. Study on the interface of phenolic resin/expanded graphite composites prepared via in situ polymerization [J]. Mater. Chem. Phys., 2008, 111 (3): 368-374.

[20] Li F, Liu Y, Qu C, et al. Enhanced mechanical properties of short carbon fiber reinforced polyether sulfone composites by graphene oxide coating [J]. Polymer, 2015, 59: 155-165.

[21] Fang, M., Zhang, Z., Li, J. F., et al. Constructing hierarchically structured interphases for strong and tough epoxy nanocomposites by amine-rich graphene surfaces [J]. J. Mate. Chem., 2010, 20 (43): 9635-9643.

[22] Kim, K. S., Jeon, I. Y., Ahn, S. N., et al. Edge-functionalized graphene-like platelets as a co-curing agent and a nanoscale additive to epoxy resin [J]. J. Mater. Chem., 2011, 21

(20): 7337-7342.

[23] Yang, H. F., Shan, C. S., Li, F. H., et al. Convenient preparation of tunably loaded chemically converted graphene oxide/epoxy resin nanocomposites from graphene oxide sheets through two-phase extraction [J]. J. Mater. Chem. 2009, 19 (46): 8856-8860.

[24] Putz, K. W., Palmeri, M. J., Cohn, R. B., et al. Effect of cross-link density on interphase creation in polymer nanocomposites [J]. Macromolecules, 2008, 41 (18): 6752-6756.

[25] Guo, Y. Q., Bao, C. L., Song, L., et al. In situ polymerization of graphene, graphite oxide, and functionalized graphite oxide into epoxy resin and comparison study of on-the-flame behavior [J]. Ind. Eng. Chem. Res., 2011, 50 (13): 7772-7783.

第8章 石墨烯基复合材料分析方法

8.1 表征分析

8.1.1 X射线衍射（XRD）分析

X射线衍射（X-ray diffraction，XRD）分析是利用X射线衍射原理研究多晶材料（金属、陶瓷、矿物及人工制备结晶材料）、多晶薄膜、单晶薄膜、各种无机和有机复合材料及非晶态物质内部微观结构的一种分析手段，可精确测定物质的晶体结构及织构，精确地进行物相分析、定性分析、定量分析。利用XRD研究半导体纳米复合材料的晶体结构、结晶性能。

采用德国 D8Advance BRUKER/AXS 的X射线衍射仪进行测试。测试条件：温度为25℃，相对湿度为30%，CuKa放射源，$\lambda=0.15406\text{nm}$，管压为40kV，管流为200mA，扫描速度为6°/min。

8.1.2 紫外-可见吸收光谱（UV-Vis）及光致荧光光谱（PL）分析

纳米粒子的一个典型特点就是量子尺寸效应，它的直接体现就是在紫外-可见吸收光谱中吸收峰蓝移。实验使用 Shimadzu-2501 型紫外-可见分光光度计测定样品的紫外-可见吸收光谱。将粉末样品在乙醇中超声振荡，然后置于比色皿中，以乙醇为参照物进行测试，波长范围为 200~800nm。

利用PL分析，可以对纳米粒子的发光性能、能级结构和表面状态进行研究。实验中使用 Shimadzu-540 型荧光分光光度计测定样品的荧光光谱。对于所得纳米复合材料，选用乙醇作为溶剂，在不同激发波长下测试产品的发光性能。

8.1.3 扫描电子显微镜（SEM）分析

扫描电子显微镜（scanning electron microscope，SEM）主要用于观察

材料表面的微细形貌、断口及内部组织,并对材料表面微区成分进行定性和定量分析。由于场发射扫描电镜高分辨的优点,可直接观察到纳米材料表面的近原子像,因而能有效地表征纳米材料。利用 TEM 可以有效地观察石墨烯表面半导体纳米材料的形貌、固体外观和结晶状况。

采用美国 FEI 公司的 Sirion200 场发射扫描电子显微镜进行形貌表征。SEM 分析制样时,将备测样品黏于载玻片后表面喷金处理。

8.1.4 傅里叶变换红外光谱(FTIR)分析

傅里叶变换红外光谱(Fourier transfer infrared spectroscopy,FTIR)分析主要利用物质对红外光的吸收特性,通过测量物质的振动、转动吸收光谱,实现对被测物的结构鉴定与定性、定量分析。此法具有样品用量少、样品处理简单、测试手段快和操作方便等优点。

采用美国 Thermo Nicolet 公司的 IR200 傅里叶变换红外光谱仪进行测试。

8.1.5 X射线光电子能谱(XPS)分析

X 射线光电子能谱(X-ray photoelectron spectroscopy,XPS)的原理是样品受 X 光照射后内部电子吸收光能而脱离待测物表面(光电子),透过对光电子能量的分析可了解待测物组成,XPS 测试可以给出固体样品表面所含的元素种类、化学组成以及有关的电子结构等重要信息。

采用 VG Scientific ESCALab220i-XL 型光电子能谱仪对样品进行测试。激发源为 Al Kα X 射线,功率约 300W。分析时的基础真空为 3×10^{-9} mbar(1mbar=0.1kPa)。电子结合能用污染碳的 C1s 峰(284.6eV)校正。数据采集、加工和处理(X 射线伴峰扣除、平滑、本底扣除、曲线拟合等)全部在 XPSPEAK 软件上完成。根据试验测试结果来分析石墨烯相关样品中 C—C,C—O 及 C—N 键等结合情况的变化。

8.1.6 拉曼光谱（Raman）分析

拉曼光谱（Raman spectroscopy，Raman）是一种散射光谱，利用激光照射样品，通过检测散射谱峰的拉曼位移及其强度获取物质分子振动-转动方面的信息，并应用于分子结构研究。

采用美国 SPEX 公司的 RAMANLOG6 激光拉曼仪对实验样品进行测试。测试条件如下：在室温下，使用波长为 514.5nm 的氩离子激光器激发，波数精度为 $1cm^{-1}$。

8.1.7 热重-差热分析（TG-DTA）

热重-差热分析（thermogravimetric-differential thermal analyzer，TG-DTA）技术是在程序控制温度下测量物质的物理性质与温度关系的一类技术，广泛应用于测定固体、粉末和液体物质在升温过程中质量和热量的变化（如玻璃化转变温度、结晶-熔融、脱水、热分解等）。

采用 Shimadzu 公司的 DTG-60H、DSC-60 热分析仪进行测试。测试条件：高纯 N_2 保护，升温速度为 5℃/min。

8.1.8 原子力显微镜（AFM）分析

原子力显微镜（atomic force microscope，AFM）利用微悬臂感受、放大悬臂上尖细探针与受测样品原子之间的作用力，从而达到检测的目的，具有原子级的分辨率。原子力显微镜是用于表征石墨烯纳米片厚度及层数的一种非常有效的工具。

采用美国 DI 公司的 Veeco Nanoscope Ⅲa 原子力显微镜，在轻敲模式下运行，以获得其单片剥离的直接证据。备测样品用乙醇溶液分散后，再超声波分散，滴于载玻片上干燥后备用。

8.1.9 透射电子显微镜（TEM）分析

透射电子显微镜（transmission electron microscope，TEM）主要用于材料内部的显微结构分析和微区成分的定量分析，如物相鉴定、材料显微结构的表征等。利用电子的波动性来对材料进行观察和分析，对纳米材料、薄膜材料等的结构研究具有特别的优势，不仅可直接观察纳米结构，还能观察微小颗粒固体外观、化学组成等，成为全面评价固体微观结构的综合分析仪器。

采用日本电子株式会社的 JEOL-2010 高分辨透射电子显微镜对样品形貌进行表征。TEM 分析制样时采用乙醇超声分散样品，然后滴到铜网上备用。

8.2 电化学性能测试与分析

8.2.1 循环伏安

循环伏安法[1,2]（cyclic voltammetry，CV）又称为动电位扫描或线性电位扫描法，具有实验简单、所得信息数据量较大的优点，是目前最常用的电化学实验技术。测试时，在电极上施加一个线性扫描电压，用已知的扫描速率使电极电位由 φ_i 变成 φ_r，随后电位向反方向扫描返回到初始电位 φ_i，然后在 φ_i 和 φ_r 之间循环扫描。同时测试反应电流随时间的变化曲线，再进行数学解析，推得峰值电流、峰值电势与扫描速度、反应粒子浓度及动力学参数等一系列特征关系，从而为电极过程的研究提供丰富的电化学信息。根据双电层理论，双电层在电极/电解液界面迅速形成，改变电压扫描方向的瞬间，电流即能迅速达到稳态，因此其循环伏安曲线呈现标准的对称矩形曲线。但在实际体系中，由于电极内阻存在，双电层电容器电极的循环伏安曲线往往有一定程度的偏差。

本实验在上海辰华仪器公司的 CHI760D 电化学工作站上进行循环伏安

测试。以 6mol/L 的 KOH 溶液作为电解液、待测样品做工作电极、汞/氧化汞（Hg/HgO）电极作为参比电极、烧结镍电极作为对电极建立三电极测试体系进行测试。

8.2.2 恒流充放电

恒电流充放电（galvanostatic charge/discharge）法是研究电容器的电化学性能最常用的一种方法。测试时，使处于特定充/放电状态下的被测电极在恒电流条件下进行充放电，同时考察其电位随时间的变化，进而分析电化学反应可能经历的历程，通过计算可得到电容量、充放电效率、等效电阻和循环性能等重要电化学参数。

对于超级电容器，单电极材料的比电容由充放电曲线进行计算得到[3,4]，其相应的公式见式(4-1)。

比电容也可由 CV 曲线计算得到，其相应的公式见式(4-2)。

本实验在上海辰华仪器公司的 CHI760D 电化学工作站上对产品进行充放电测试。在测试过程中设置不同的电流密度对工作电极的比容量进行研究，并研究其循环寿命。

8.2.3 交流阻抗

交流阻抗（electrochemical impedance spectroscopy，EIS）法是研究复杂电化学反应机理的一个重要方法。此法以不同频率的小幅值正弦波扰动信号作用于电极系统，由电极系统的响应与扰动信号之间的关系得到电极阻抗，推测电极过程的等效电路，因而能比其他常规的方法得到更多的动力学信息及电极界面结构的信息。通过数据的分析，不仅可得到关于电极材料传荷电阻和内阻的信息，而且可通过拟合来计算电容器的电容，因此它成为研究电极材料电容行为的重要手段。

本实验采用上海辰华仪器公司的 CHI760D 电化学工作站对所制备的石墨烯相关样品进行交流阻抗测试，测试频率范围为 $10^{-2} \sim 10^{5}$ Hz。

8.2.4 四探针电阻测试

对石墨烯相关样品的导电性进行测试（钨针间距 1mm，SZT-2，中国同创），选取面电阻模式，每个样品选取 5 个不同位置测试点取平均值，所得数据经过样品厚度校正和形状校正，然后取倒数即得面电阻率。

电阻率公式：

$$\rho = C \frac{V}{I} G\left(\frac{W}{S}\right) D\left(\frac{d}{S}\right) = \rho_0 G\left(\frac{W}{S}\right) D\left(\frac{d}{S}\right) \tag{8-1}$$

式中 ρ_0——块状体电阻率测量值；

$G\left(\frac{W}{S}\right)$——样品厚度修正函数；

W——样品厚度，μm；

S——探针间距，mm；

$D\left(\frac{d}{S}\right)$——样品形状测量位置的修正函数。

8.3 复合材料力学性能测试

8.3.1 摩擦性能

采用热机械分析仪（Q800 型，美国 TA 公司），升温速率为 20K/min，温度范围为 50～350℃，在 N_2 气氛下测试材料的摩擦性能。

8.3.2 压缩性能

按照 GB 1448—83 在 CMT4303 微机控制电子万能试验机上测试材料压缩性能。压缩速率为 1mm/min，跨距为 20mm，试样尺寸为 1cm×2cm×3cm，每个试样测 5 次，取平均值。压缩强度（δ_c）公式如下[5]：

$$\delta_c = \frac{P}{bh} \tag{8-2}$$

式中 δ_c——弯曲强度，MPa；

P——破坏载荷或最大载荷，N；

b——试样宽度，cm；

h——试样厚度，cm。

压缩弹性模量（E_c）公式如下：

$$E_c = \frac{L_0 \Delta P}{bh \Delta L} \tag{8-3}$$

式中 E_c——压缩弹性模量，MPa；

ΔP——载荷-变形曲线上初始直线段的载荷增量，N；

ΔL——与载荷增量 ΔP 对应的标距 L_0 内的变形增量，cm；

L_0——标距，cm；

b——试样宽度，cm；

h——试样厚度，cm。

8.3.3 弯曲性能

按照 GB/T 1449—2005 采用三点弯曲试验测试材料弯曲性能。每个试样测 5 次，取平均值。

弯曲强度（δ_f）公式如下[6]：

$$\delta_f = \frac{3PL}{2bh^2} \tag{8-4}$$

式中 δ_f——弯曲强度，MPa；

P——破坏载荷，N；

L——跨距，mm；

b——试样宽度，mm；

h——试样厚度，mm。

弯曲弹性模量（E_f）公式如下：

$$E_f = \frac{l^3 \Delta P}{4bh^3 \Delta S} \tag{8-5}$$

式中 E_f——弯曲弹性模量，MPa；

ΔP——载荷-挠度曲线上初始直线段的载荷增量，N；

ΔS——与载荷增量 ΔP 对应的跨距中点处的挠度增量，mm；

b——试样宽度，mm；

l_3——试样跨距，mm；

h——试样厚度，mm。

参考文献

[1] 吴辉煌. 应用电化学基础 [M]. 厦门：厦门大学出版社，2006：108-111.

[2] 杨辉，卢文庆. 应用电化学 [M]. 北京：科学出版社，2001：35-36.

[3] Zhang, K., Mao, L., Zhang, L. L., et al. Surfactant-intercalated, chemically reduced graphene oxide for high performance supercapacitor electrodes [J]. J. Mater. Chem., 2011, 21 (20)：7302-7307.

[4] Aboutalebi, S. H., Chidembo, A. T., Salari, M., et al. Comparison of GO, GO/MWCNTs composite and MWCNTs as potential electrode materials for supercapacitors [J]. Energ. Environ. Sci., 2011, 4 (5)：1855-1865.

[5] GB 1448—1983.

[6] GB/T 1449—2005.

第9章

结论及趋势分析

采用硫脲、锌粉/氨水体系分别对氧化石墨烯进行化学还原制备还原氧化石墨烯；采用真空低温热还原法制备还原氧化石墨烯薄膜和还原氧化石墨烯/碳纳米管杂化薄膜。研究了氧化石墨烯及其杂化薄膜还原前后的结构和综合性能，探索了还原机理。采用L-半胱氨酸或水合肼为还原剂，将氧化石墨烯与亲水性的聚乙烯醇（PVA）进行复合，制备还原石墨烯薄膜、氧化石墨烯/PVA复合薄膜及还原石墨烯/PVA复合薄膜，并探讨所制薄膜的透光性和导电性；采用溶剂热法制备ZnS/石墨烯或CdS/石墨烯复合材料，然后在氧化石墨烯水溶胶中经真空抽滤制备宏观复合薄膜，探讨薄膜的光电性能及宏观复合薄膜在超级电容器中的应用；通过室温下一步法制备氧化锌-石墨烯（ZnO-G）纳米电极复合材料，探讨其电化学储能方面的应用及生成机理。通过分别加入不同比例的氧化石墨粉、化学还原氧化石墨烯乙醇悬浮液及热还原石墨烯粉，采用溶液共混法和热压成型法制备氧化石墨烯/酚醛树脂、还原氧化石墨烯/酚醛树脂、石墨烯/酚醛树脂复合材料及氧化石墨烯/酚醛树脂/碳纤维、还原氧化石墨烯/酚醛树脂/碳纤维、石墨烯/酚醛树脂/碳纤维层次复合材料。研究了三者对复合材料结构、压缩性能、弯曲性能及摩擦性能的影响及性能改善机制。

9.1 主要结论

9.1.1 氧化石墨烯的湿法化学还原及薄膜

采用硫脲、锌粉/氨水体系分别可对氧化石墨烯进行化学还原制备还原氧化石墨烯，研究了氧化石墨烯还原前后结构和性能的变化，并探讨了氧化石墨烯的还原机理，从而可更加灵活地了解和使用这些石墨烯材料。

通过FTIR、XRD、XPS、拉曼、SEM、AFM和TEM等对GO还原前后进行表征分析。结果表明，此法所制得的还原氧化石墨烯由单层石墨烯片和少层石墨烯片组成，其C/O原子比为6.2，电导率达635S/m，并能分散于DMF和乙醇等有机溶剂中。氧化石墨烯的还原主要得益于硫脲分子上双氨基的脱氧作用。此法可避免使用有毒的化学还原剂，且是一种绿色、有效制备石墨烯的化学还原方法。

采用锌粉/氨水为还原体系,实现了对氧化石墨烯的化学还原。利用 XRD、FTIR、拉曼、XPS、TEM、SEM、AFM 等手段对氧化石墨烯还原前后的样品进行了分析。结果表明,经锌粉/氨水处理后,氧化石墨烯上的大量含氧官能团尤其是环氧基功能团被脱除,可实现有效的还原,制备出高质量的还原氧化石墨烯。通过电化学分析测试表明,还原氧化石墨烯具有较高的电导率和循环使用寿命。提出了锌-氧化石墨烯原电池还原机理。此法是一种快速、环保、简单易行且可实现批量制备石墨烯的新型有效方法。

以 L-半胱氨酸作为环境友好型的还原剂能有效还原氧化石墨烯水溶胶,还原氧化石墨烯在乙醇中有较好的分散性,且通过真空辅助自组装制备的还原氧化石墨烯薄膜的电导率可达 500S/m。

水合肼还原氧化石墨烯及复合薄膜的制备。将氧化石墨烯/PVA 混合水溶胶及其加入水合肼还原后的水溶胶置于电热套中气/液界面自助装成膜。结果表明通过气/液界面自组装法制备了 GO-PVA 和 RGO-PVA 无支撑复合薄膜。此法制备的复合薄膜厚度和面积可调控。GO-PVA 复合薄膜具有优良的透光性,可见光到近红外区保持 55%~85% 的高透过率。RGO-PVA 复合薄膜的电导率为 0.6S/m。

9.1.2　金属硫化物/石墨烯复合及其宏观薄膜

以 $Zn(CH_3COO)_2$ 和 GO 为原料,DMSO 为溶剂,采用溶剂热法制备 ZnS/石墨烯复合材料,然后在氧化石墨烯的辅助下制备宏观复合薄膜。结果表明 ZnS 纳米颗粒在石墨烯表面粒径小(约为 10nm)且分布均匀,G-ZnS纳米复合材料具有较好的纳米结构和光电效应。

CdS/石墨烯复合材料及其宏观薄膜的制备。采用不同的溶剂热法制备 CdS/石墨烯复合材料,然后氧化石墨烯辅助下制备宏观复合薄膜。结果表明:CdS 纳米颗粒在预先还原的石墨烯表面沉积较好,且粒径较小。尤其在真空热剥离的石墨烯表面分布粒径达到 1~2nm,这可能与先脱除其表面官能团有关。采用真空辅助自组装法制备出无支撑 G-CdS-GO 复合薄膜,其具有较好的光电性能。

9.1.3 金属氧化物/石墨烯复合及其宏观薄膜

以氧化石墨粉（GO）为原料，通过一步法制备氧化锌-石墨烯（ZnO-G）纳米电极复合材料。结果表明：经锌粉/氨水处理后，GO上的大量含氧官能团被脱除，可实现有效的还原，同时制备出高质量的ZnO-G纳米复合材料。其中锌可同时作为还原剂和锌源，且生成的ZnO纳米颗粒能均匀地分布在石墨烯片上，其平均粒径约为14nm。所制备的复合电极在扫描速率为2mV/s时，比电容可达192F/g，具有较高的电导率和循环使用寿命。

9.1.4 石墨烯/碳纳米管复合薄膜

采用真空辅助自组装法分别制备氧化石墨烯薄膜和多壁碳纳米管/氧化石墨烯杂化薄膜，经真空低温热处理得到还原氧化石墨烯薄膜及多壁碳纳米管/还原氧化石墨烯杂化薄膜。研究了真空低温热处理对所制薄膜结构和性能的影响。

采用傅里叶变换红外光谱仪、X射线衍射仪、扫描电子显微镜、XPS光电子能谱仪、透射电子显微镜等对氧化石墨烯薄膜的结构和性能进行表征分析。在低于200℃的真空中，氧化石墨烯薄膜能得到有效的脱氧还原，所得薄膜有序性较好且具有导电性（电导率527S/m），进一步炭化（1100℃）后电导率显著增加（255.7S/cm）。此法避免使用水合肼等有毒且污染环境的化学试剂，所制氧化石墨烯薄膜在导电薄膜、太阳能电池、储能元件等方面具有潜在的应用前景。

利用XRD、FTIR、拉曼、XPS，TEM、SEM等手段对多壁碳纳米管/氧化石墨烯杂化薄膜真空低温热处理前后结构和性能进行表征分析。多壁碳纳米管/氧化石墨烯杂化薄膜呈层状有序的"三明治"结构，通过加入不同质量比的多壁碳纳米管，可实现氧化石墨烯薄膜导电性的恢复和有效调控。在真空下进行低温（200℃）热处理1h后，所得多壁碳纳米管含量为50%（质量分数）的多壁碳纳米管/还原氧化石墨烯薄膜电导率高达53.8S/cm，且薄膜的电化学储能可控，多壁碳纳米管含量为30%（质量分数）时杂化薄膜的比电容最高，达 379F/g。该杂化薄膜有望应用于复合材料、导电薄膜、太阳能电池、储能元件等方面。

9.1.5 石墨烯/酚醛树脂/碳纤维复合材料

采用氧化石墨粉、化学还原氧化石墨烯乙醇悬浮液、低温热还原石墨烯粉为添加剂，利用浇注法制备了氧化石墨烯/酚醛树脂、还原氧化石墨烯/酚醛树脂、石墨烯粉/酚醛树脂复合材料，然后在 1700℃、2000℃、3000℃ 条件下进行高温热处理。通过 XRD、SEM、TEM 及 TEM 等测试手段考察了氧化石墨粉、化学还原氧化石墨烯乙醇悬浮液、低温热还原石墨烯粉对其酚醛树脂基复合材料结构及性能的影响。主要结论如下：氧化石墨粉、化学还原氧化石墨烯乙醇悬浮液、低温热还原石墨烯粉大部分以剥离单片/少层形态均匀分布于树脂中，其表面粗糙，可提高界面结合强度。低含量的化学还原氧化石墨烯乙醇悬浮液、低温热还原石墨烯粉的加入，比氧化石墨粉和石墨粉更可有效提高树脂基体的耐热性。低于 2000℃ 条件下，氧化石墨粉、化学还原氧化石墨烯乙醇悬浮液、低温热还原石墨烯粉的加入能有效减小树脂基体的层间距，且高含量氧化石墨粉效果最明显。同时结合微晶生长理论及催化原理，提出 GO 等对树脂层间距减小的作用机理。

将氧化石墨粉、化学还原石墨烯乙醇悬浮液及热还原石墨烯粉分别加入到酚醛树脂和聚丙烯腈碳纤维布中，采用热压成型法制备氧化石墨烯/酚醛树脂/碳纤维、还原氧化石墨烯/酚醛树脂/碳纤维、石墨烯/酚醛树脂/碳纤维层次复合材料。研究氧化石墨粉、化学还原石墨烯乙醇悬浮液及热还原石墨烯粉对层次复合材料结构及力学性能、耐磨性能的影响。与纯酚醛树脂/碳纤维复合材料相比，当纳米填料的含量仅为 0.1%（质量分数）时，石墨烯/酚醛树脂/碳纤维、氧化石墨烯/酚醛树脂/碳纤维和还原氧化石墨烯/酚醛树脂/碳纤维层次复合材料的压缩强度分别提高了 178.9%、139.5% 和 98.9%，压缩模量分别提高了 129.5%、120.5% 和 95.5%，弯曲强度和弯曲模量也有一定的提高。与纯酚醛树脂/碳纤维复合材料相比，还原氧化石墨烯/酚醛树脂/碳纤维层次复合材料的最大储能模量提高了 75.2%，具有较好的冲击强度和韧性。加入氧化石墨粉、化学还原氧化石墨烯乙醇悬浮液、低温热还原石墨烯粉所得层次复合材料的 T_g 均有所降低。

9.2 石墨烯复合材料趋势分析

本书总结了在科学研究中多种石墨烯基纳米复合材料的制备方法,通过宏观调控,探讨了它们在光电、航空航天领域进一步应用的可能性。采用溶剂热法制备 ZnS/石墨烯或 CdS/石墨烯复合材料,然后在氧化石墨烯的辅助下制备宏观复合薄膜,但在应用方面由于条件限制并未做进一步研究。下一步可尝试在太阳能电池中的应用研究,这种宏观薄膜可避免微观纳米材料的缺陷,有可能大大提高其应用价值。

通过室温下一步法制备了氧化锌-石墨烯(ZnO-G)纳米电极复合材料,探讨其电化学储能方面的应用及生成机理。作为金属绿色还原法,也可考虑采用 Fe、Al、Mn 等金属,使用类似的方法制备其他种类的复合材料,其中某种复合材料作为电极材料的电容值很有可能大大提高。

为了更全面、深刻地研究改性石墨烯/酚醛树脂/碳纤维层次复合材料制备中存在的关键科学问题,以进一步提高其综合性能,尚需在以下几方面进一步深化研究。碳纤维布的性能是影响改性石墨烯/酚醛树脂/碳纤维层次复合材料性能的一个主要方面,可对碳纤维布进行适当的表面处理以改善其与基体的界面结合强度。氧化石墨、还原氧化石墨烯及石墨烯粉的加入顺序对所制层次复合材料的结构和性能也有一定的影响,可通过先将这三种纳米填料的乙醇悬浮液浸泡至碳纤维布上,再与酚醛树脂基体复合。碳纤维与基体界面结合是一个关键因素,利用改性石墨烯和碳纳米管在结构上的互补,可通过同时加入改性石墨烯和碳纳米管进一步改善复合材料的结构和性能。

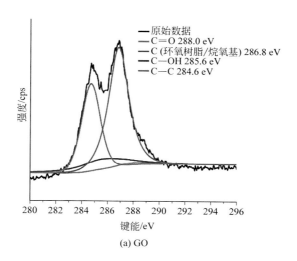

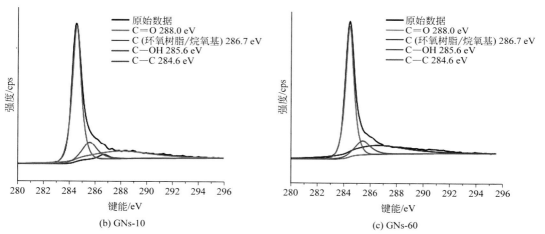

彩图 1　GO、GNs-10 和 GNs-60 的 C1s XPS 谱图

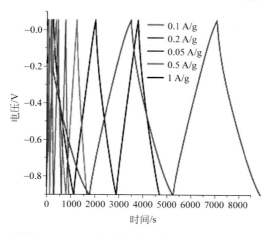

彩图 2　GNs-10 在不同电流密度下的充放电曲线

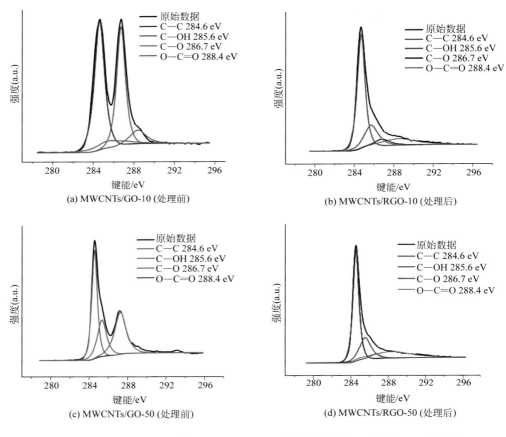

彩图 3　MWCNTs/GO-10 和 MWCNTs/GO-50 杂化薄膜热处理前后的 C1s 拟合图

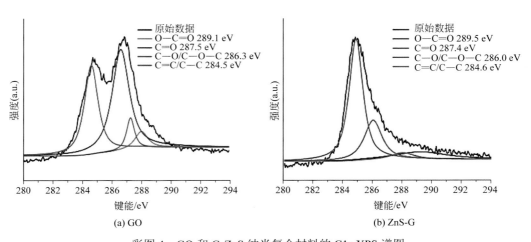

彩图 4　GO 和 G-ZnS 纳米复合材料的 C1s XPS 谱图

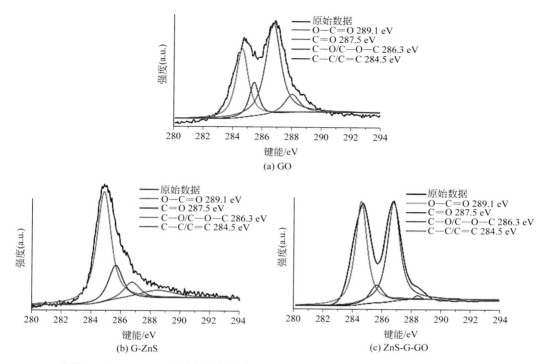

彩图 5　GO、G-ZnS 纳米复合材料和 ZnS-G-GO 纳米复合薄膜的 XPS C1s 拟合谱图

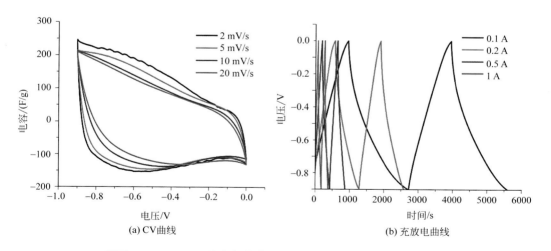

彩图 6　ZnS-G-GO 纳米复合薄膜在不同扫描速率下的 CV 曲线和
ZnS-G-GO 纳米复合薄膜在不同电流密度下的充放电曲线

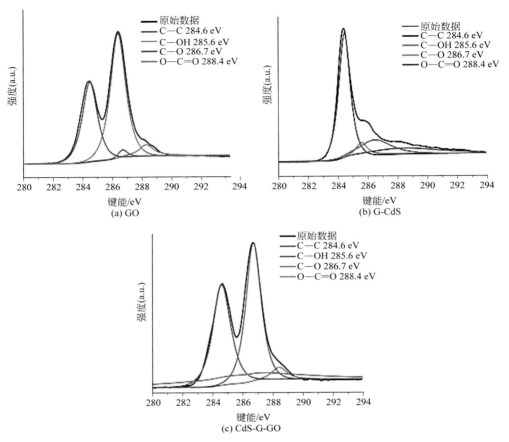

彩图 7　GO 薄膜、G-CdS 纳米复合材料和 CdS–G–GO 纳米复合薄膜的 XPS C1s 拟合谱图

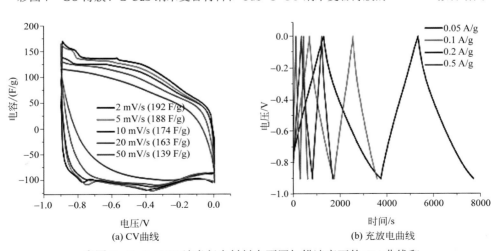

彩图 8　ZnO-G-24 纳米复合材料在不同扫描速率下的 CV 曲线和
ZnO-G-24 纳米复合材料在不同电流密度下的充放电曲线